JN098341

はじめに

　本書は、月刊『現代農業』に掲載されたタネ採り、タネ交換の記事をベースに再編集したものです。

　農家にとってタネ採りやタネ交換は、ひと昔前まではごく当たり前のことだったようです。本書に登場する宮崎県の高森勗さんは、本誌2018年2月号で次のように述べています。

　「89歳になります。（中略）20歳のときに県の農業関係の指導員になり、いろいろな町村を回ってはその地域で昔からつくられてきた野菜のタネを分けてもらい、自分でも育ててきました。それ以来60年以上にわたって、さまざまなタネを採り続けてきました。

　自分で長年タネを採り続けてきた作物は、誰も守ってはくれません。白ナスは、つくり続けて50年以上。毎年5月から霜の降りる頃まで育てますが、もしも私が栽培を中止すると、このナスはこの世から永久になくなります。簡単にやめるわけにはいきません。（中略）交配し、育成した新しい品種もよいと思います。しかし、昔から栽培している品種にも捨てきれない特色が必ずあり、また後生にタネを残す義理もあります」（高森さんは2020年3月にお亡くなりになりました）。

　今ではすっかり交配種（F₁）が主流になり、タネは買うものだと思われるようになりましたが、交配種が生まれる数十年前まで、高森さんのような農家によってタネ採り・交換され、脈々と受け継がれてきました。本書が、これからもタネ採りやタネ交換が絶えることなく続いていくための一助となれば幸せです。

2020年12月　　　　　　　　　　（一社）農山漁村文化協会

もくじ

はじめに ……………………………………………………………………… 1

さくいん …………………………………………………………………… 6

コラム❶ これ、ぜんぶ同じ品種？ …………………………………… 8

第1章
タネ採りの魅力

病害虫に強くなる、味も乗る ………………………… 茨城●佃　文夫　10

ゆずりあうことで在来種が後世に残る ………………… 宮崎●高森　勲　14

第2章
今さら聞けないタネ採りの話

自家採種歴7年
　まずは簡単な夏野菜から始めよう ………………………… 埼玉●小島直子　20

　Q　タネ採りは難しくないの？　20

　Q　タネを採っても脱穀や選別が大変じゃない？　21

　Q　交雑しやすいウリ科やアブラナ科野菜はどう育てたらいい？　23

　Q　タネ採りを続けるとオリジナル品種がつくれるって本当？　26

　Q　F₁のタネは採っても意味がないんでしょ？　27

自家採種歴35年 マメやイモなら簡単 ……………………… 千葉●林　重孝　28

　Q　タネ採りはどの作物から始めたらいい？　28

　Q　ジャガイモって毎年種イモを買うものでしょ？　29

　Q　毎年タネ採るのは大変じゃない？　29

　　Q　採ったタネはどう保存したらいい？　29

　　Q　葉菜や根菜のタネ採りって、やっぱり難しいですよね？　30

　　Q　「育種」はもっと難しい？　31

タネ採りマメ知識 ……………………………………………………………34

　固定種とは　34

　交配種（F₁）とは　35

　自殖性とは　36

　他殖性とは　37

　タネ採りしやすいのは固定種　38

第3章
これならできるタネ採りのやり方

農的生活を楽しむ私のタネ採り ………………… 北海道●斎藤　昭　40

無農薬でも病害虫に強いタネの採り方 ………… 高知●桐島正一　44

腐りのないソラマメのタネ採り法（宮城●佐藤民夫さん）………52

アブラナ科・ウリ科
　交雑を防ぐ簡単タネ採りのコツ ………………………●船越建明　56

8年でできる
　無肥料で育つニンジンのタネ採り法（千葉●高橋 博さん）………60

畑に合ったオリジナル品種を簡単育種
　「自然生え」タネ採り法 ……………………………●中川原敏雄　66

ジャガイモだって自家採種
　（茨城●佃 文夫さん／長野●竹内孝功さん）………………72

自家採種しやすいジャガイモ、
　　しにくいジャガイモ ……………………………… 福島●菅野元一　74

自家採種できるジャガイモ
　俵正彦さんが世に残した14品種 ……………………… 長崎●竹田竜太　78
　コラム❷ タネ採りに必要な株数は？ …………………………………84

第4章
楽しいぞ！ タネ交換

「たねのわ」in 埼玉のタネ交換会 ………………………… 埼玉●小島直子　86

『現代農業』の誌上タネ交換会 ……………………………………………94

『現代農業』おなじみの農家の こんなタネを出品します ……………96
　桐島さんのルッコラ　98／坂本さんのジャンボナス　99／
　竹内さんの大玉トマト　100／千田さんの黒ラッカセイ　101／
　魚住さんの魚住キュウリ　102／林さんの中国チンゲンサイ　103／
　サトちゃんの白インゲン　104／佐藤さんのソラマメ　105／
　農文協のモチトウモロコシ　106／第1回誌上タネ交換会に届いたタネ　107

第1〜2回誌上タネ交換会
　こんなタネが届きました　こんなタネを出品します ………………108
　第2回誌上タネ交換会に届いたタネ　116

プロ農家が集う
　「関東たねとりくらぶ」のタネ交換会 …………………… 千葉●林　重孝　118

全国のタネ交換会一覧 ……………………………………………………122
　コラム❸ 食文化を支えるタネ採り ……………………………………124

第5章
採るんだったら知っておきたい
種苗法と自家採種の話

交換できないタネはどれ？ ………………………………………… 126

ほとんどのタネは採れる、交換できる ………………………… 128

タネ採りが身近でなくなれば、
　　人とタネがつむいできた歴史が断たれる ……………… ●石綿　薫　130

タネ屋さんおすすめ　タネ採りに適した品種 ……………………… 136

本書記事中のタネ交換可能リスト ………………………………… 142

初出記事一覧 ………………………………………………………… 143

※執筆者の記載のないものは編集部による執筆です。
※執筆者・取材先の情報（肩書・所属など）については『現代農業』掲載時のものです。
※表紙のタネの解説は33ページ。

さくいん

＊数字は、掲載されている記事が始まるページです。
＊**太字**は、タネの採り方を解説している記事です。

●果菜類

イチゴ……………………………………**28**

オクラ…………**20**, 28, **40**, 44, 130

カボチャ … 14, **20**, 28, **40**, **56**, **66**, 86

カンピョウ ……………………………**66**

キュウリ ……… 14, **20**, 28, **40**, **56**, **66**, 86, 96, 108, 130

シシトウ ……………………………………44

シロウリ ……………………………………**56**

スイカ………**20**, 28, 44, **56**, **66**, 86, 130

トウガラシ …………………… **20**, 86, 108

トウガン …………………………………**56**

トマト………**20**, 28, **34**, **40**, **66**, 86, 96, 128, 130

ナス …………14, **20**, 28, **40**, 44, **66**, 86, 96, 108, 130

ピーマン … **20**, 28, **40**, 44, **66**, 86

ヘビウリ ………………………………………14

マクワウリ ………………… **20**, **56**, **66**

ミニトマト …………………………………**66**

メロン…………**20**, **56**, **66**, 86, 130

●葉茎菜類

オカノリ ……………………………………**66**

オカヒジキ …………………………………**66**

かき菜…………………………………………**66**

カブ… **20**, **34**, 44, **56**, **66**, 86, 130

カラシナ …………**20**, 44, **56**, **66**

カリフラワー ………………… **20**, **66**

キャベツ ……… **20**, 28, **40**, **56**, 66

クロガラシ ……………………… **20**, **56**

ケール………………………… **20**, **56**, 66

コマツナ ……… 10, **20**, 28, **56**, 86

山東菜………………………………………**20**

シュンギク ………………………………28

セロリー ……………………… **66**, 128

タカナ………………………… **20**, 44, **56**

タマネギ ……… 14, **20**, 28, **66**, 86

チンゲンサイ ……… **20**, 28, 86, 96, 118

ツケナ類 ………………… **20**, **56**, **66**

ツルナ……………………………………**66**

ツルムラサキ ……………………………**66**

ナバナ……………………………………**44**

ニラ………………………………………**66**

ネギ ……………………… 14, **20**, **66**

のらぼう菜 ……………………………**40**

ハクサイ ……… **20**, **40**, **56**, **66**, 86

フダンソウ ………………………………**66**

ブロッコリー ………… **20**, **56**, **66**, 86

ホウレンソウ ………… 28, **66**, 128

ミズナ ……………………………… **20**, **56**

ルッコラ ………… 44, **56**, **66**, 96

レタス………………………… **20**, **66**

ワケギ………………………………………28

●根菜類
ゴボウ‥‥‥‥‥‥‥‥ **20**, **28**, **44**, **66**
サトイモ ‥‥‥‥‥‥‥‥‥‥ **28**
サツマイモ ‥‥‥‥‥‥‥‥‥ **28**
ジャガイモ ‥‥ 10, 28, 40, **66**, **72**,
  74, 78
ダイコン ‥‥‥‥ 10, 14, **20**, 28, **34**,
  40, **44**, **56**, **66**, 86, 130
ニンジン ‥‥‥‥ **20**, **28**, **44**, **60**, **66**,
  86, 126, 130
ニンニク ‥‥‥‥‥‥‥‥‥ 28, 40
ハツカダイコン ‥‥‥‥‥‥‥‥‥**56**
ヤーコン ‥‥‥‥‥‥‥‥‥‥‥28
ヤマイモ ‥‥‥‥‥‥‥‥‥ 118
ルタバガ ‥‥‥‥‥‥‥‥ **20**, **56**

●軟化・芽物
ウド ‥‥‥‥‥‥‥‥‥‥‥‥28
ショウガ ‥‥‥‥‥‥‥‥‥‥28
フキ ‥‥‥‥‥‥‥‥‥‥‥‥28

●豆類など
アズキ‥‥‥‥‥14, **44**, **66**, 86, 108
インゲン ‥‥‥‥ **20**, 40, **66**, 86, 96,
  108
エダマメ ‥‥‥‥‥‥‥‥‥‥**14**
エンドウ ‥‥‥‥‥ **20**, **28**, **44**, 66
ササゲ‥‥‥‥‥‥ **20**, **66**, 86, 108
スナックエンドウ‥‥‥‥‥‥‥‥44

ソラマメ ‥‥‥‥‥‥ **20**, **44**, **52**, 96
ダイズ‥‥‥ **14**, **20**, **28**, **44**, **66**, 86,
  108
タカキビ ‥‥‥‥‥‥‥‥‥‥‥**20**
トウキビ ‥‥‥‥‥‥‥‥‥‥‥**14**
トウモロコシ ‥‥‥‥ **20**, **40**, 66, 86,
  96, 108
ナタマメ ‥‥‥‥‥‥‥‥‥‥‥**14**
ラッカセイ ‥‥‥‥‥‥ **20**, 96, 108

●その他
アマランサス ‥‥‥‥‥‥‥‥‥‥**66**
アワ ‥‥‥‥‥‥‥‥‥‥‥‥‥**66**
イネ ‥‥‥‥‥‥‥‥‥‥ **20**, 86
エゴマ‥‥‥‥‥‥‥‥ **20**, **44**, 108
大葉 ‥‥‥‥‥‥‥‥‥‥‥‥‥44
キビ ‥‥‥‥‥‥‥‥‥‥‥‥‥**66**
ゲンノショウコ ‥‥‥‥‥‥‥‥‥86
小麦 ‥‥‥‥‥‥‥‥‥‥ **20**, 66
シソ ‥‥‥‥‥‥‥‥‥ **20**, **44**, 66
ソバ ‥‥‥‥‥‥‥‥‥‥‥‥‥**20**
トンブリ ‥‥‥‥‥‥‥‥‥‥‥**66**
ナタネ‥‥‥‥‥‥‥‥‥ **20**, **56**, 66
ヒエ ‥‥‥‥‥‥‥‥‥‥‥‥‥**66**
ヒョウタン ‥‥‥‥‥‥‥‥ 56, 86
ヘチマ ‥‥‥‥‥‥‥‥‥‥‥‥86
ライ麦‥‥‥‥‥‥‥‥‥‥ **20**, 66
ルバーブ ‥‥‥‥‥‥‥‥‥‥‥86

これ、ぜんぶ同じ品種？

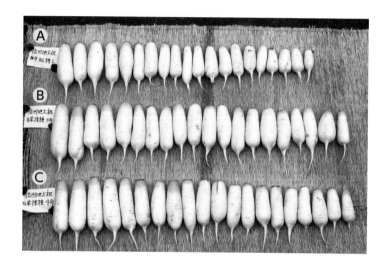

　元は同じ品種です。長野県の在来種「牧地大根（牧大根）」といって、古くからタクアンや薬味用に利用されてきた尻太の小型ダイコン。Aはその市販種子を無施肥・不耕起で育てたもの。Bはその中から根の太りのよいものを選んでタネ採り3年目、Cは4年目（いずれも強いタネを採るために無施肥・不耕起で栽培）。タネ採りは太りをよくすることができる。

参考『これならできる自家採種コツのコツ』（農文協）
（牧地大根のタネの入手は、つる新種苗または高木農園まで。141ページ）

第1章
タネ採りの魅力

病害虫に強くなる、味も乗る

茨城●佃 文夫

年間約50品目をほぼ自家採種

　私は、茨城県取手市で秀明自然農法に取り組んで18年目になります。㈱秀明ナチュラルファーム足立という会社組織になっており、水田約8ha、畑約4haを6名で運営しています。米を中心に各種穀物加工品や野菜を生産し、私は野菜を担当しています。収穫した野菜は約120世帯に週1回宅配し、1.3haの畑で年間約50品目をほぼ自家採種で栽培しています。

　秀明自然農法とは故・岡田茂吉師の提唱する農法で、自然尊重・自然順応の理念にもとづき、農薬や肥料を使用せず自然の力だけで作物を栽培します。自然に順応して栽培するには、肝心の土とタネが清浄で健全でなければ力は発揮されません。ですから自家採種は、秀明自然農法に取り組むうえで欠かせない重要な要素といえます。それだけですべてを語ることはできませんが、以下、

子どもを抱いているのが筆者。妻と2人の子どもと。左端はよく手伝いに来てくれる消費者の本田さん。後ろはダイコン畑

虫がつきにくい

自家採種を
繰り返してきたコマツナ

自家採種の観点からこの農法を紹介させていただきます。

コマツナ（自家採種13代）
──虫でボロボロの山東菜の隣でも平気

　毎年コマツナをつくっていますが、自家採種代数が10代を超えるコマツナがあります。何年か前の話ですが、そのコマツナのそばに購買種の山東菜（固定種、34ページ参照）をつくりました。すると山東菜は、10〜15cmの大きさになった頃に虫がついてボロボロになってしまいましたが、コマツナのほうは平気でした。すぐそばにあるので虫がついてもよさそうなのですが、つかないんです。もちろん、まったく虫がいないわけではありませんが致命傷になることはありません。

　これは自家採種と購買種との比較ですが、自家採種であっても適期に播くかどうかで結果は違ってきます。早く播いて虫に食われたコマツナのすぐそばで、適期に播いたコマツナがきれいなままでいるというのはよくあります。

　つまり、虫がいるから虫がつくのではないということです。虫はいても、つくものとつかないものがあるんです。子どもの頃、冬になると風邪が流行って学級閉鎖になることがありましたが、そん

コマツナの畑

なときでも平気な同級生は、たいていは冬だというのに半袖半ズボンでやたらと元気がよかったものです。野菜でも、元気なやつ、健康なやつは、病気にならないし虫もつかないんです。

　だから、私は虫取りはしません。虫のせいにしているうちは根本的な解決はで

11

きないからです。多少は食われても、致命傷になることはない。そんな健康な作物をつくるには、自家採種で健康なタネをつくることが大切です。

ダイコン（自家採種10代）
──初期は不揃いでゆっくりだが、降霜後はF₁と逆転

　数年前に自家採種のダイコンとF₁のダイコンをつくり比べてみたことがあります。初期生育の段階では、F₁ダイコンの生育のスピードが速く形も揃っているのに対して、自家採種のダイコンは不揃いで葉の色は薄く生育もゆっくりとしていて、差は歴然としていました。11月になると、F₁ダイコンはある程度肥大して収穫も間近なのに対して、自家採種はまだまだでした。

　ところが、その年は11月中旬に急に気温が下がり霜が降りました。するとF₁はピタリと生長が止まったのに対し、自家採種のほうは霜などまったく問題にせず、じわじわと生長を続け、F₁をしのぐ大きさにまで生長したのです。寒さに強いので長期間にわたって出荷できたうえ味もよく、自家採種の環境適応能力の高さを示しました。

　知人とタネの交換をすることがありますが、「このタネはおすすめだよ」といわれてもらったのに、まったくパッとし

ないことがあります。しかし、そのタネから自分の畑で採種して翌年挑戦するとよくできるという体験をすることがしばしばあります。自家採種を続けることで、タネがその畑の環境を学習し強くなっていきます。

初めは不揃いでゆっくりでも霜が降りたあとはF₁をしのぐ大きさに育つ

ダイコンの花

自家採種を繰り返すことで
おいしくなってきた

ジャガイモのアンデス

ジャガイモ（自家採種19代）
──つくりやすいアンデスが、
　　味も乗ってきた

　ジャガイモは、うちではアンデスをつくっています。ジャガイモもいろいろな種類がありますが、アンデスは強くてつくりやすいので、知人から種イモをもらって以来、7〜8年くらいつくっています。自家採種で春と秋につくっているので自家採種代数は19代になります。

　丈夫でつくりやすいのはよいのですが、正直なところ味はやっぱり男爵のほうがおいしいかな、と初めは思っていました。しかし4〜5年たった頃でしょうか。味が乗ってきたというのか、おいしくなってきたのです。今では提携先の方にもたいへん好評で、すぐなくなってしまいます。

　また、特筆すべきは連作が可能なことです。連作しているところとそうでないところがありますが、常に連作のほうがよくできます。

その土地に合ったタネは
自家採種でできる

　私は今、NPO法人、秀明自然農法ネットワーク（SNN）に所属しており、その種苗部で活動しています。種苗部では、SNNに所属する全国数百名の生産者や

これから始める人たちのためにタネを提供できるようにシードバンクを立ち上げようとしています。しかし、ただタネを配布するのが目的ではありません。あくまでも、各自が自家採種に取り組み、100%自家採種していくサポートのためのシードバンクです。

　ここまで紹介したように、自家採種を繰り返すことでそこの土地に合ったタネになっていきます。私は、個人的にも種苗業者登録をしており、自分のできる範囲ですが、タネを必要としている人に自家採種に取り組むという条件でお分けしています。健康で清浄な土とタネが秀明自然農法に取り組むうえでまず基本となり、土とタネ本来の力が発揮されます。農産物が何ものにも代えられない命の糧なら、タネはその魂といえるでしょう。そしてその本来の輝きを取り戻すのが自家採種だからこそ、そこに喜びがあるのです。

（㈱秀明ナチュラルファーム足立）

※佃さんのジャガイモ自家採種については、72ページ参照。

13

ゆずりあうことで
在来種が後世に残る

宮崎●高森　勲

筆者。20歳の頃から50年以上、自家採種を続けている（赤松富仁撮影）

日本各地に改良種よりも
いい自家採種の作物がある

　日本には各地に昔からつくり続けられてきた作物がある。なぜつくられてきたのか。あれば便利だからだろう。しかしタネが簡単に買えるようになって以来、タネ採りしなければならない昔からの作物は次第につくらない家が多くなり、せっかくいい作物でもタネ切れになるものが出てきた。

　現代は改良改良で新品種ができている。しかし昔からの作物で、改良種よりもむしろ病害虫をはじめその土地の自然の営みに強いものがある。だから絶やさ

ず後世に残しておきたい。そのためには誰かがつくり続け、タネを採っていかなければならない。

　私は20歳のとき県の農業関係の指導員になり、いろいろな町村を回ってきた。そのうちに地域には人に知られていない独得の作物や、種苗店にない昔ながらの作物があることに気がついた。そのたびにタネを分けてもらい、自分でもつくって50年以上にわたってタネを採り続けてきた。今や私の畑には、ここにしか残っていない作物が、ところ狭しと植わっている。

背が低くてギッシリなる
ナタマメ

　1962年頃、当地宮崎県の宇納間地蔵尊で知られる美郷町に、ツル性でないナタマメが少しつくってあった。普通のナタマメはツル性で高い支柱が必要なのに、そのナタマメはせいぜい人の背丈くらいの支柱でちゃんと育つので収穫がラク。しかも莢は普通と同じ太さでギッシリとなっていた。

　これはと思った私は、農家の人にタネをゆずってほしいとお願いした。すると「こんなもんでよかったら」と2莢ほどを分けてくれた。

実も低いところになるので、脚立を使ったりする必要がない

背の低いナタマメ

台風でもビッシリ莢がついた。エダマメとして絶品

北川秋ダイズ

　以来毎年つくっていたが、ある年台風にやられて枯れてしまった。困って再度もらった人のところに行ってみたが、そこも台風のせいで収穫なし。タネ切れしていた。

　それでも諦めきれずに3〜4年探していたら、隣の旧東郷町の一青年がひとウネほどつくっているのを見つけた。いろいろ話を聞いたところ、「何に使うのかわからないけど、親の代からつくっていたから目的もないままつくっている。タネが必要ならいくらでも持ち帰っていい」とのこと。ありがたくいただき、今も大切につくっている。

非常にうまく、年3〜4回つくれる
北川トウキビ

　1965年頃に延岡市の北端にある旧北川町を巡回していたとき、地トウキビを食べさせてもらった。これが非常にうまい。地トウキビというと馬や牛にやるような味気ないものを想像するが、このトウキビは甘みもあり、買うタネにもない独特の味をしていた。

　若どりすれば茹でたり焼いたりしておいしく食べられるうえ、実が硬くなるまでおけばポップコーンにもなる。しかも背丈が低くて台風に強く、4月から8月まで年に3〜4回も播けるので、6月から11月頃までずっととれるのである。

　さっそくタネを分けてもらい、以来欠かさずにつくっている。

多収で絶品のエダマメになる
北川秋ダイズ

　ある年の農業祭では、農家の婦人が数株のダイズを持ってきた。「私の家で代々つくっている秋ダイズですが……」というその株はすばらしい粒数で、品評会に出品してもらったら上位で入賞。ほかに誰もつくってないというので、さっそくタネを分けてもらって私もつくり始めた。

　7月中下旬に播いて11月頃までおく秋ダイズなのだが、あるとき9〜10月の若

白ナス

い。今も大切につくり続けている。

白ナスというと、この辺りでは硬くて漬物にするしかないものだと思う人が多い。しかしこの白ナスは、25cmくらいの見事な大きさになってもやわらかく、焼きナスには最高にいい。逆に漬物にはやわらかすぎて向かないほどである。

また早植えより遅く植えたほうが成績がいい。2009年は台風余波の強風のため一番太る時期に傷められたが、露地でも11月下旬の時点でまだ収穫していた。12月に入っても、霜が激しくなるまではとることができる。

多収で収穫もラクな
ツル性アズキ

1997年に旧北川町を回っていたら、老婦人がツル性のアズキをとっている。それは何ですかと問うと、「支柱に沿って伸びるアズキで、毎日屈み込んで収穫しなくてもいいのでラク」とのこと。しかも普通のアズキは毎日少しずつでも熟したものをとらなければ莢が弾けて落ちてしまうのに、これは5〜6日おきにとればいい。立派で収穫量も多いという。

これは今からの老人農業に適すると思ったので少し分けてもらい、翌年何人かの農家につくってもらって農業祭の品評会へ出してもらったらほとんどが入賞。自分でつくったものも、20粒のタネ

いうちにエダマメとしても食べられないかと思い、食してみると非常にうまい。しかもこの時期には市場にもエダマメがないので、数多くの人々に試食品としてあげたら大好評。今では皆ができるのを待っている。

やわらかい! 遅くまでなり、
焼きナスに最高の白ナス

1990年頃には、旧東郷町の無人販売所で春植えのナスがなくなった時期にキレイな白ナスが出ていた。うまそうだったので買って帰り、食べたらやわらかくてうまい。そこで再び販売所に行き、近くで出会った人に白ナスを出荷した人のことを聞いたがわからない。それでも諦められずに数回気をつけて前を通っていると、幸いにしてちょうど白ナスを出荷している人に出会い、苗をいただくことができた。これほどありがたいことはな

支柱に沿って伸びる。屈んで収穫しなくていいのでラク

ツル性のアズキ

※それぞれのタネの採り方は次ページ。

から2升もとれた。

　2001年に急性心筋梗塞で半年入院したとき、日向市の老人と同部屋になった。双方とも農業好きで話がはずんだので、このツル性アズキの話をすると、彼は「自分の家にもいいアズキがある。ササゲのように大粒で、5粒で1升もとれる」というのである。ではお互いに交換してみようということになった。退院後、さっそく交換したアズキをつくってみると、これもツル性で収穫がラク、しかも莢が弾けないので落果がなく、大粒なので収量も多い。やはり毎年タネ切れしないよう大事につくっている。

　ほかにもタカナに似ていながらタカナより茎がやわらかくておいしい「イラカブ」、医師がびっくりするほど内障眼（そこひ）によく効く「白ナンテン」、近くに男樹がなくても多くの実がなるギンナン、一年中とれる小ネギなどなど、妻の協力も得ながらさまざまな作物をつくり続けている。

タネは冷蔵庫の野菜室で保存

　私は自家採種したタネはもちろん、購入したタネも、余ったものでもすべて粗末にしない。ビニール袋や缶に乾燥剤と共に入れ、冷蔵庫の野菜室をタネの貯蔵専門に使って保存している。

　この方法で、ダイズ、ナタマメなどは2年以上、ナス、カボチャ、キュウリなども5年以上、ダイコン、ヘビウリは10年以上たったタネが発芽している。

　ただしネギとタマネギは、この方法でも2年以上は保存できない。必ず翌年までに播くようにしている。

　最後に、貴重な農作物のタネは、儲かるからといって一人占めにしたりすると大事なものを失うこともある。私が白ナスのタネをもらった人も、台風にやられてタネがなくなったことがある。私がもらっていなかったら、そのタネは永久にこの世からなくなっていただろう。お返しにタネを持っていってあげたら、「いい人に譲った」と喜んでおられた。

　ただし貴重なものなので、誰でもかまわずタネを配ればいいというわけではない。直接お会いしてしっかりタネ採りを続けてくれる人物であるかを見て、確かな人どうしでタネをゆずりあい、絶やさないようにしていくことが大切だと私は思っている。

（宮崎県延岡市）

17

トウキビ

花期が重ならないようにして採る

　タネの採り方も、それぞれの作物ごとにコツがある。その作物の特性を学びながら採っていく必要がある。

　とくにトウキビについてはこれほど交雑しやすい作物はないため、作付け時期を考え、周囲5haの畑にほかのトウキビがあるかないかを調べ、花期が同一にならぬようにする。たいてい一般のトウキビは7月以降には播種しないため、タネ採り用のトウキビはそれ以降に播種する。7月までに播いたものからタネ採りしなければならない場合は、皮を少しむき、形や色の違う粒がないかを見ることで交雑の有無を調べて採種する。1粒でも異粒がある場合はタネとしない。

　北川地区でも数少ない人がこのトウキビをつくっているが、このような注意をはらって栽培していないため残っているのは混合雑種で、私がつくっているような純粋な原種はない。

ナタマメ

5月上旬までに播く

　ナタマメは5月上旬までに播種しないとマメが熟さないので、必ず4月下旬か5月上旬に播種する。作業の都合で遅れてしまった場合は、ハウス栽培して作期を延ばせるようにする。

　莢が黄色くなって少し乾いたようなときに採り、莢のまま十分乾燥させ、ミカンの網袋に入れて来年の播種時に莢からマメを取り出して播く。早くからマメを取り出して乾燥させてしまうと発芽率が悪くなるので注意する。

白ナス

1〜2番果からタネを採る

　白ナスは、ゆずり受けたその年に見事な実がなった。そこで苗をもらった人にタネの採り方を問い合わせると、「早くなったものから採る」とのこと。すでに1番なりは収穫していたので、2番なりで形のよい5つの実に目印をつけておいた。しかしあまりに見事なナスであったためか、4つが盗難にあい、1つしか残らなかった。

　それでもなんとかタネは採れたので、1〜2番なりの実にはタネが入ることが判明した。しかしそれ以降の実にはタネが入らない。ゆえに食べるのにはいいのである。

秋ダイズ（エダマメ）

7月中下旬以降に播く

　秋ダイズは、7月上旬頃までに播種すると草丈が伸びるだけで結実しない。これだと緑肥にはいいが食べられないので、7月中下旬以降に播種するといいことがわかった。

　ダイズには葉や花を食害する害虫、莢を害するカメムシ類が発生するので防除が必要。とくに莢の時期にはスミチオン乳剤（1000倍）に竹酢とキトサン（1000倍）3種混合液を2度散布するようにしている。

　ほとんどはエダマメでとるが、タネ用に毎年5坪ほどいいものばかり残して黄色くなるまで畑に置く。莢が弾け始めたら朝露のあるうちに刈り取って、葉付きのままハウス内に敷いたシートに並べ、十分乾いたら足で踏んで脱穀。茎葉を除去してふるいにかけ、紫斑病や異形の実を除去してタネにする。

第2章
今さら聞けない
タネ採りの話

まずは簡単な夏野菜から始めよう

埼玉●小島直子

筆者。6年前に新規就農し、米や野菜の固定種を無農薬無肥料で栽培
（依田賢吾撮影）

 タネ採りは難しくないの？

 夏野菜はタネ採りしやすい

　タネ採りはそんなに難しくないですよ。初心者におすすめなのは夏野菜です。

　とくに、家庭菜園で誰もが育てているトマトは完熟果を収穫するので、そこからタネを採り出すだけです。

　やり方はまず、タネをゼリーごと取り出し、ビニール袋に入れて1日発酵させます。こうすると病気が出にくくなり、ザルに入れて水洗いすればきれいにタネが採り出せます。あとは天日干しするだけです。カボチャなんて調理するときに捨てるタネを洗って乾かせばOKですよね。

　ナスやピーマン、キュウリは普通、未熟果を収穫しますが、樹勢が強い株に形や色つやが気に入った実を一つ収穫せずに残しておくと、ぐんぐん大きくなって完熟します。

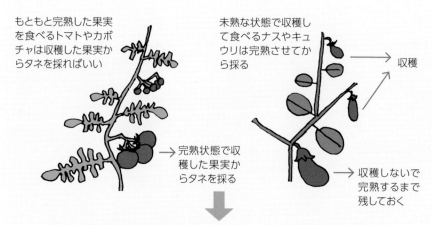

もともと完熟した果実を食べるトマトやカボチャは収穫した果実からタネを採ればいい

→ 完熟状態で収穫した果実からタネを採る

未熟な状態で収穫して食べるナスやキュウリは完熟させてから採る

→ 収穫

→ 収穫しないで完熟するまで残しておく

発芽力は受精してから一定の期間かかってつくられる。完熟したタネほど発芽がよく、環境にも強く寿命も長くなる

図1　タネは完熟させてから採る（編集部作成）

① トマト　メロン　キュウリ → タネを発酵させる（タネのまわりの発芽抑制物質を含んだゼリーを溶かして取り除く）

② カボチャ　スイカ → 水洗いのみでよい

③ ピーマン　トウガラシ → 水洗いしない

④ ダイコン　キャベツなど → 乾燥させておいた莢をシートの上で叩き落としたり脱穀する

図2　タネの取り出し方（編集部作成）

　採ったタネは冷蔵庫で保管すれば5年くらいもちますが、毎年採って播くことで、自分の土地や栽培方法に、タネが早く馴染んで強くなると感じています。

Q タネを採っても脱穀や選別が大変じゃない？

A 便利な道具がある

トロ舟や洗濯板が大活躍

　脱穀や選別には、ふるいや手箕、漬物用のプラスチック樽など、身の回りのものがけっこう役立ちます。左官屋さんが使うプラスチック製のトロ舟も重宝し

キュウリのタネ採り

気に入った形のものを収穫せずに完熟させ、日陰で1週間ほど追熟

包丁で果肉に切れ目を入れて縦に割り、タネ、果汁、わたをかきだす

手でしっかり揉みながら水洗いしてヌメリをとる

網やザルでタネだけを取り出し乾燥させる

小島農園で使う自家採種に便利な道具

トロ舟

トロ舟の中で源助ダイコンの莢からタネを採り出す。少し硬いのでビンで少しずつ潰すといい。あまり力を入れすぎると、タネまで割れてしまうので注意

洗濯板

ネギ坊主を洗濯板でこすると、タネがボロボロ落ちる。手が痛くなるので、厚手の手袋を着けるといい

唐箕（とうみ）

採種量が増えたら唐箕が便利。大量のタネをあっという間にゴミと選別してくれる

手箕（てみ）

タネが少ない場合は手箕で選別

ています。アブラナ科のタネはトロ舟に入れて、足で踏めば脱粒します。コマツナなどの細かいタネは、莢がすぐにはじけるので簡単です。なければ、ブルーシートでも大丈夫です。

意外と便利なのが洗濯板。硬いダイコンの莢も、洗濯板ならボロボロとタネが落ちます。ネギやニンジンのタネ、タカキビなど雑穀もボロボロ落ちます。

選別には唐箕が大活躍

脱粒したタネには殻などが混ざっているので、ゴミを飛ばしたり、大きさで選別する必要があります。

そのときに重宝するのが唐箕。風の力で軽いゴミを吹き飛ばし、重いタネと選別することができます。脱粒したものを1〜2回唐箕にかけると、驚くほどきれいにタネだけが残ります。新品を買えば4万円近くしますが、うちでは小麦やライ麦のモミやシイナを飛ばすのにも大活躍しています。タネが少ない場合は、手箕でふるって息を吹きかけてゴミを飛ばします。

選別にはふるいも使います。目合いの違う網をいくつか用意しておいて、たとえばエゴマがギリギリ通る網目と、ギリギリ通らない網目で選別すると、ほとんどエゴマだけが残ります。うちでは、ホームセンター（ビバホーム）で売っている3

種類の網が付いたふるいの他、数種類を使い分けています。

漬物樽もよく使います。キュウリやナスのタネを水の中で脱粒したり（沈んだタネを残す）、唐箕の出口やふるいの下に置いてタネを受けたり、いろんな場面で活躍しますよ。

 交雑しやすいウリ科やアブラナ科野菜はどう育てたらいい？

 交雑を防ぐしくみを知る

ウリ科は一つの圃場で1品種だけ栽培

ウリ科のキュウリやカボチャは簡単にタネ採りできますが、交雑（自然交配）してしまう可能性があります。雌雄異花なので、異なる品種間での交雑を好むようです。1年前、交換会で鶴首カボチャのタネをお渡しした方から「これ、本当に鶴首ですか？」と写真が届きました。見ると、緑色の皮に斑点があります。どうやら、自然栽培仲間が育てている会津カボチャが交雑したようでした。その畑は、うちから約2kmも離れているんですよ！ 驚きました。

そんなウリ科の交雑を防ぐのは簡単ではありません。人工受粉して、他の花粉

受精方法と自然交雑を防ぐための隔離距離

受精方法	隔離距離	おもな作物
ほぼ完全な自殖性	数m	トマト、インゲン、ダイズ、ササゲ、エンドウ、ラッカセイ、イネ、小麦など
自殖性だが、少し他殖もする	10〜50m	ナス、ピーマン、レタス、ゴボウ、オクラなど
自殖もできるが、かなり他殖もする	100〜500m	キュウリ、メロン、マクワウリ、カボチャ、スイカ、ソラマメ、ネギ、タカナ、カラシナ、ナタネ、シソ、エゴマなど
ほぼ完全に他殖性	1km以上	ダイコン、カブ、キャベツ、ブロッコリー、ハクサイ、ツケナ類、ニンジン、トウモロコシ、タマネギ、ソバなど

『これならできる自家採種コツのコツ』（農文協）より
自殖性、他殖性については36ページ参照

が入らないよう雌花に袋をかけたりする方法もありますが、そこまで手をかけられません。自分でできる範囲で、一つの圃場では1品種しか栽培しないようにしています。

アブラナ科は交雑相関図を参考に作付け

アブラナ科も交雑しやすくて、カブっぽいコマツナができたりします。ウリ科同様、一つの圃場で1品種ずつ採るようにしていますが、私が栽培しているアブラナ科は約20種。採種畑が3カ所なので、1年に3品種しか採れません。冷蔵庫でタネを保管して基本的に5年くらい使うようにしています。

アブラナ科は同一品目の異品種間だけでなく、別のアブラナ科野菜とも交雑

してしまいます。ただし、それぞれ交雑しやすいものとしにくいものとがあるようです。図3は私が参考にしているアブラナ科の相関関係です。たとえばキャベツは異品種の他、ブロッコリーやケールとも交雑しますが、ハクサイやコマツナ、カラシナとはしません。そんなアブラナ科どうしの相性も考慮してタネ採りする場所を考えています。

ダイコンはダイコン以外とは交雑しにくく、一つの畑で1品種のみ栽培すればまず問題ありません。ただし、ダイコンとハクサイを並べてタネ採りすると、ダイコンの葉っぱをしたハクサイができてしまいます。ハクサイの花粉はダイコンにつきませんが、その逆はついてしまうので注意が必要です。

交雑したかどうかは、タネを播いて、

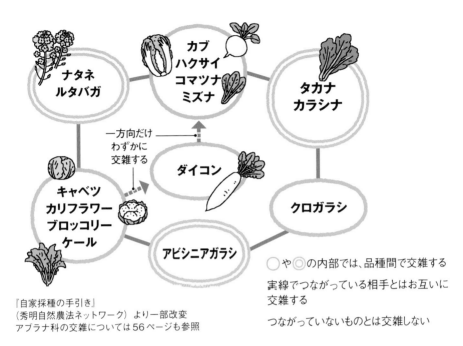

『自家採種の手引き』
（秀明自然農法ネットワーク）より一部改変
アブラナ科の交雑については56ページも参照

一方向だけ
わずかに
交雑する

○や◎の内部では、品種間で交雑する
実線でつながっている相手とはお互いに
交雑する
つながっていないものとは交雑しない

図3　アブラナ科交雑の相関図

ある程度育った姿を見ないとわかりません。

田んぼの中でつくるもよし、ほかの花を刈り取るもよし

　アブラナ科の中でもコマツナ、ハクサイ、カブがとくに交雑しやすく大変です。これらは全部で10種以上栽培していますが、ほぼ交雑していないといえるのは、田んぼに囲まれた畑でタネを採ったもの。まわりに他のアブラナ科の花が咲いていないため、防虫ネットも使わずに、タケノコハクサイやみやま小カブ、チンゲンサイの採種ができています。

　他のアブラナ科野菜の花を、開花する前に取ってしまうのも有効です。コマツナやミズナ、山東菜でうまくいっている方法です。圃場内に幅80cm、長さ5mくらいのウネを2列、採種用に用意。花が咲く頃、同じ圃場にある他のアブラナ科の花を全部刈り取ってしまえば交雑を防げます。

　それでも刈り取り後にまた花が咲いたり、近くの畑で咲いたりもするので、1割弱は交雑してしまいます。それは育ててみればわかるので、間引きのときに取り除くようにしています。

25

Q タネ採りを続けると オリジナル品種が つくれるって本当?

A 支柱のいらないナスに挑戦中

まだ新米なので偉そうなことはいえませんが、採種6年目の真黒ナスは、小島農園が目指す「支柱がいらないナス」に変わりつつあると思います。

以前、福島県出身の友達から「関東に来て、ナスに支柱を立てているのを見てびっくりした」と聞きました。そこの地元のナスは定植後に1番花だけでなく、3番花まで摘んでしっかりと樹づくりをすれば、支柱はいらなかったそうです。作物が自分の力で育つのが好きな私は、

それから支柱なしでナスを栽培するようになりました。

でも支柱をしないと、ナスの枝や実が地面についてしまいます。そこでウネに黒マルチをして、通路には敷きワラをしています。そして、自家採種を繰り返して、倒れにくいナスを目指しているわけです。

栽培する真黒ナスは、就農前からタネ採りしたものと、就農1年目に自然栽培の先輩農家、関野幸生さんが育てた苗を2本買って、そこからもタネを採りました。ナスも交雑するので、2年目3年目はよく育ったもの、形のいいものを選んでタネを採りました。

同時に、枝の伸び方もよく見て採種株を選びます。買った苗には1本グッと

ピカピカの真黒ナス

無支柱栽培の真黒ナス。枝が垂れなくなってきた

伸びる枝がありました。しかし、そうでない株を選んで4年5年とタネ採りしているうちに、枝が収まってきたようです。

　また、千両2号の形質が混じったのか、1カ所に二つ花が咲き、二つ実るものがあります。そういう株からはタネ採りしないようにしています。

　逆にそういう株からこそ採種する、という知り合いもいます。だから同じナスでも、農家によって少しずつ変わってくるんですね。

中玉トマトのサンティオは自家採種4年目で驚くほど外観が揃った

 F₁のタネは採っても意味がないんでしょ？

 最初はバラバラだけど、徐々に固定できる

　F₁のタネを採っても、親と同じ性質のものには育ちません。子どもの性質はバラバラです。しかし、その中から好みのものを選んでタネを採っていけば、ちゃんといい品種に育てることができます。

　私は固定種ばかり栽培していますが、いい中玉トマトの品種がありませんでした。そこで、自然農法センター（141ページ）が交配したF₁品種の赤色中玉トマト、サンティオからタネを採ってみました。翌年はピンクの果実ができたり芯止まりしたり、確かにいろいろできました。しかし諦めず選抜を続け、6年目でほぼ

固定できました。生食でも火を通してもコクのある赤色中玉トマトで、病気に強くて多収、雨で割れることも少なくよく育ちます。トマトソースをつくるといって、1〜2kgまとめて買ってくれるお客さんもいっぱいいます。いい名前を付けて、いずれ野口種苗研究所（141ページ）で販売してもらいたいと思っています。

　ただし、自家採種しやすいF₁と難しいF₁があるようです。同じく自然農法センターのF₁中玉トマトメニーナも自家採種を続けましたが、味がいいものを選抜していたら病気に弱くなってしまって、こちらは諦めることにしました。

　交配種（F₁、35ページ参照）のタネ採りは大変だけどおもしろい！　チャレンジする価値はあると思います。

（埼玉県飯能市）

27

マメやイモなら簡単

千葉●林　重孝（しげのり）

ケールと私。2.4haの畑で
野菜、穀類、果樹など80
品目を有機無農薬栽培

Q タネ採りはどの作物
から始めたらいい?

A イモや株分けで増える作物
は簡単

　タネ採りは、タネや種イモを食べる野菜（マメ類やイモ類など）→完熟果菜類（トマトやカボチャなど）→半熟果菜類（ナスやキュウリ、オクラなど）→葉菜類（ホウレンソウやコマツナなど）→根菜類（ダイコンやニンジンなど）の順で難しくなっていきます。

　そこで、作物を自分で増やしてみたいのなら、まずは栄養繁殖する作物から始めるのがおすすめです。収穫物がそのまま種苗となるジャガイモやヤーコン、ニンニクやショウガなど、株分けで増えるワケギやウド、フキなど、ランナー（ほふく茎）で増えるイチゴなどです。交雑する心配もありません。

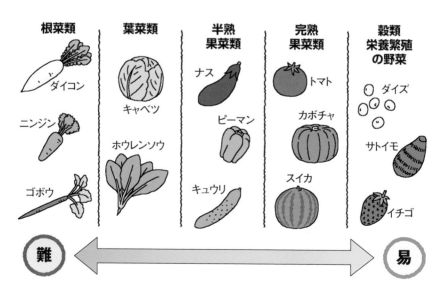

図1　タネ採りの難易度

28

Q ジャガイモって 毎年種イモを買うもの でしょ?

A 自家採種できる品種もある

　また、作物によっては、タネの残しや すさが品種によって違うこともあります。 ジャガイモはウイルス病にかかりやすく、 ふつうは検疫にでもかけないと種イモと して使ったり、種苗交換したりすること はできません。ただし、私の経験では、 タワラムラサキやマチルダなど、ウイルス にかかりにくい品種もあります(72ペー ジからの記事参照)。

　サトイモの場合、ウイルス感染の心配 は少なく、種イモを採る農家も多いです。 ただ、そのなかでも土垂（どだれ）は栽培自体が 簡単で、イモの形質も比較的揃っていま す。一方大野在来(福井県の在来品種) や善光寺(長野県の在来品種)は、イ モの大きさや形がそれぞれかなり違っ ていたりします。

　まあそれも、自分の好みのイモを選抜 して、育種につなげていく楽しみがある と考えればいいかもしれませんね。

Q 毎年タネ採るのは 大変じゃない?

A 毎年すべてのタネを 採らなくてもいい

　毎年タネが採れれば理想ですが、う ちは60品種くらい自家採種してますか ら、毎年すべてのタネを採るのは大変 です。そこで、交雑しやすいアブラナ科の タネは数年分をまとめて採種しています。

　アブラナ科などは交雑の心配がある ので、むしろ今年はチンゲンサイ、来年 はコマツナなどと決めてタネを採ったほ うが、網かけや隔離する手間が少しで も減らせるんです。それ以外のタネは基 本的に毎年採って、万一に備えてストッ クしています。

　ほとんどのタネは常温でも2〜3年はも ちます。タマネギやダイズなど1年しかも たない短命なタネもありますが、シュン ギクのように、逆に古いタネのほうがよ く発芽する作物もあります。

Q 採ったタネは どう保存したらいい?

A 冷蔵庫で5年、 冷凍庫で20年保存できる

　採ったタネはまず、涼しい日陰でしっ かり乾燥させて、ビンや缶、封筒のよう

保存中のタネ。冷蔵庫で保存するならビンや缶の他、湿気を通す紙袋がおすすめ

タネの寿命

寿命	おもな作物
5年程度 （長命種子）	ナス、トマト、スイカ
3〜4年 （常命種子）	ダイコン、カブ、ツケナ、ハクサイ、キュウリ、カボチャ
2年程度	キャベツ、レタス、トウガラシ、エンドウ、インゲン、ソラマメ、ゴボウ、ホウレンソウ
1年で発芽力が低下する （短命種子）	ネギ、タマネギ、ニンジン、ミツバ、ラッカセイ

『自家採種入門』（農文協）より

な紙袋に入れて保存しています。

ビンや缶はたくさんタネが入るのがいい。どちらでもいいんですが、ビンなら中身が見えてわかりやすい。ナスやトマトのような小さいタネは、保存中も乾燥しやすい封筒に入れてます。透明なポリ袋に入れたタネもあります。加熱してポリ袋を密閉する機械（シーラー）も買いました。小分けして管理しやすい。いずれの場合も、品種名と採種年を明記しておきます。

タネの保存は冷蔵庫か冷凍庫。基本

は冷蔵庫で、5年は十分にもちます。冷蔵庫内は乾燥しているので、湿気を通す茶封筒に入れて保存するといいですね。

冷凍するときは缶かビン。タネと乾燥剤を入れて、ビニールテープで密封、冷凍保存すれば20年以上もちます。しかし、冷凍庫から出していきなり播こうとするとタネが結露して濡れてしまいます。冷凍庫から出したら一度冷蔵庫に入れて、ゆっくり温度を上げないとダメです。その手間があるので、冷凍保存するタネは非常用のストックにしています。

Q 葉菜や根菜のタネ採りって、やっぱり難しいですよね？

A ラクな方法もある

防虫ネットなどで交雑を防ぐ

葉菜類や根菜類は、収穫時期を過ぎて花が咲くまで畑に長く置いておかないといけないし、交雑もしやすいので、難易度が上がります。

交雑を防ぐには、数百m以上の距離をとるか、ハウス内など隔離されたところでタネを採るか。でも採種する品種数が増えるとなかなか難しいので、採種株を防虫ネットで囲んで、他の花粉が運ば

アブラナ科の採種の様子。採種株を防虫網で覆い、その周囲にも同じ品種の株を植えて開花させる（提供：船越建明）

れるのを防ぐのが有効です。

　そのとき、ネットの外側に採種株と同じ品種の作物を数株残しておくといいですよ。採種株だけだと、ネットを張っても、昆虫がなんとかその中に入ろうとします。かといって、以前ネットを3重にしてみたところ、ぜんぜん受粉しませんでした。ネットのまわりに花があれば、それがおとりになって異種類の花粉がつくのを防げるし、受粉不足も起こりません（詳しくは56ページ参照）。

　うちは以前、ずっとこの方法でした。現在はもっとラクな方法として、山を越えた先に畑を用意して、そこで毎年品目を変えながらタネを採っています。真似できる人は限られると思いますが、手間がぜんぜんかからず、交雑の心配はほとんどありません。

根菜類は選抜もひと手間かかる

　根菜類ではさらに選抜の難しさもあります。たとえばダイコンでいえば、秋に一度掘り出して、形質を見て選抜して、いいと思ったのをまた埋め直して、翌春にタネを採ります。

　それに加え、甘酢漬けが人気の赤ダイコンだったら中までキレイな赤じゃないとダメなんですが、切って断面を見るわけにもいきません。私は表面を薄く切る、もしくはひげ根を切ってその切断面

を見て選抜していますが、根菜類のいいタネを採るのは、時間と手間がかかるんです。

「育種」はもっと難しい？

A 「タネ採り」を続ければ「育種」になる

どんどん自分の土地に合ってくる

　作物を育てて、その中からいい株を選んでタネを採り続けることは、「育種」しているのと同じです。うちは全部で60品種のタネを採っていますが、いってみれば60品種を育種しているようなものです。自家採種歴35年。長くタネを採っている品種はどんどん自分の土地に合ってきますよ。

　父親は買った果実からもよくタネを採って、趣味で育てるような人でした。唐の芋（サトイモ）はその父の代から育種し続けていて、すでにうちの土地に完全に合っているのか、無農薬でも病害虫に困ることはまずありません。

サツマイモ（ベニアズマ）

3kg以上　　1株から本数が　　適度な重さで
　　　　　多くとれた株か　数もとれるイモに
　　　　　ら種イモを残す

ニンジン

同じ時期に播いて

早く丸くなるのは早生、
年内どりにはこちらを残す

なかなか太らないのは晩
生。3月まで畑に置きたい
ならこちらを残す

地面から顔を出さないの
は越年型。春まで置きた
いならこちらを残す

図2　タネ採りを続ければ育種になる

赤ダイコンはつくり続けて15年。かな
り性質が揃ってきました。当初は丸型の
ダイコンもちらほら出ましたが、長くなる
ように、大きさにバラつきが出ないよう
に選抜を続け、今では丸型のものはほ
とんど出なくなりました。

千葉県の在来ダイズも長年タネを採り
続けて、もともとの品種と比べると緑が
濃くなってきました。固定種も少しずつ
変化するんです。

自分の基準で選べばいい

タネを採るときは、どんな品種に育
てたいか考えながら採種株を選びます。

それが選抜です。大きさ、形、
収量、収穫のしやすさ、病害
虫抵抗性、耐寒性や耐暑性な
どに注目して選抜するんです
が、その基準は、その目的に
よって違うわけです。

たとえばサツマイモのベニア
ズマは、イモが大きくなりやす
い品種で、一つ3kg以上にな
ることもあります。そこで私は、
1株から本数が多くとれた株
から、来年の種イモを残します。
すると、適度な重さで数も多く
とれるベニアズマに育てること
ができるわけです。自分だけ
のオリジナルベニアズマです。

ニンジンでいえば、同じ時期に播い
ても早々に丸くなるものと、三角のまま
なかなか太らないものとがあります。早
く丸くなるのは早生で、年内に収穫した
い品種ならそういう株を残す。なかなか
太らないのは晩生で、3月まで畑に置い
ておきたいならこちらを選びます。ニン
ジンが地面から顔を出すかどうかも大事
なポイントです。顔を出す株は収穫する
のがラクですが、春まで置いておくと傷
みやすい。顔を出さないのは越冬型で、
寒さに強い株。固定種の場合、採種株
の選択が、育種なんです。

（千葉県佐倉市）

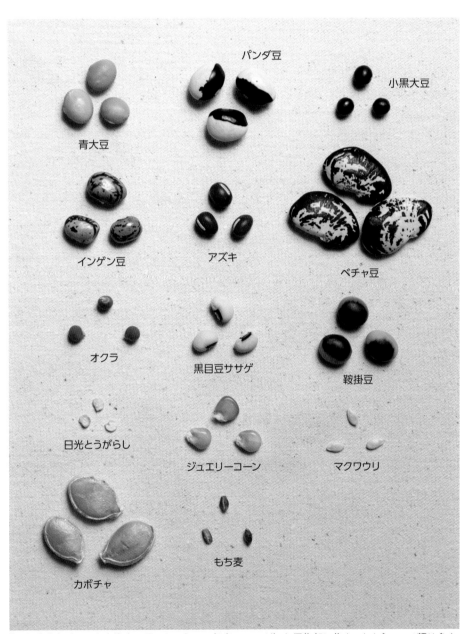

パンダ豆

小黒大豆

青大豆

インゲン豆

アズキ

ベチャ豆

オクラ

黒目豆ササゲ

鞍掛豆

日光とうがらし

ジュエリーコーン

マクワウリ

カボチャ

もち麦

「現代農業」誌上タネ交換会に届いたタネの一部（94 ページ）と編集部に集まったタネ。マメ類は多く、人気がある（依田賢吾撮影）

タネ採りマメ知識

タネ博士

これまでの記事でわからない言葉やよくわからないこともあるでしょう。そもそも固定種と交配種とは何か。タネ採りに適しているのはどっちなのか。もう少しくわしく見ていきましょう。

固定種とは

タネを採って播くと、毎年同じような作物が育つ品種。学問的には「その子孫が世代を経ても遺伝的な形質が変化しないように固定した品種」

たとえば、形や色がバラついたなかから赤い丸いカブを選んで、タネ採りを繰り返す（選抜という）と純度が高まり、やがてバラつきの少ない「固定種」ができる

選抜
（繰り返す）

ただし、他の品種と交雑する（他殖性）作物ではすべて同じ形質にするのは難しいので、実用的に支障のない程度の雑種性を持たせているのがふつう

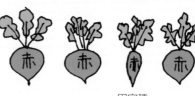

固定種

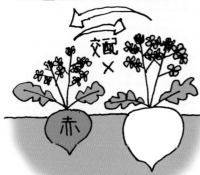

交配種(F₁)とは

交配 ×

赤いカブの
固定種

大きくて白い
カブの固定種

固定種に対して交配種 (F₁) とは、雑種第一世代 (first filal generation) のこと。そのタネから育つ一代に限り、生育がよく揃う、病気に強い、味がよいなどの優れた特徴が、どこでだれが栽培しても、ある程度同じように発揮される

生育旺盛な
赤カブに!

交配種 (F₁)

「雑種強勢」といって両親よりも旺盛な生育をし、収量が増すことも多く、生育が揃いやすい(この雑種一代目は親が持っている異なる性質のうち、より歴史が古く蓄積の多い性質のほうが現われて、そうでない形質は見えなくなることが多い)

タネを採ると……

タネを採ってもその特徴は二代目には受け継がれないから、タネは毎年買わなくてはならない

雑種二代目では親の性質が
バラバラに現われる (分離という)

自殖性とは

自分の花の花粉が雌しべについて実を結ぶこと。自分の花の中、あるいは自分の株の花のあいだで受粉する（自家受粉）

他の品種と混ざる心配がない

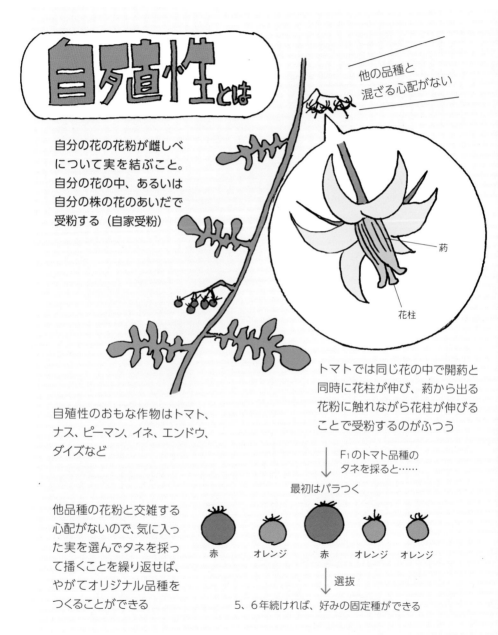

薬

花柱

自殖性のおもな作物はトマト、ナス、ピーマン、イネ、エンドウ、ダイズなど

トマトでは同じ花の中で開薬と同時に花柱が伸び、薬から出る花粉に触れながら花柱が伸びることで受粉するのがふつう

他品種の花粉と交雑する心配がないので、気に入った実を選んでタネを採って播くことを繰り返せば、やがてオリジナル品種をつくることができる

↓ F_1のトマト品種のタネを採ると……

最初はバラつく

赤　オレンジ　赤　オレンジ　オレンジ

↓ 選抜

5、6年続ければ、好みの固定種ができる

他殖性とは

他の品種の花と交雑して実ること（他家受粉）

変わりやすい

ダイコンは、ダイコンどうしでよく交雑する

丸型のダイコン

根の形のいいダイコン

気に入ったダイコンに揃えるには……

網などで囲う

交雑しないように隔離する必要がある

他殖性のおもな作物は、アブラナ科（カブ、キャベツ、ブロッコリー、ハクサイなど）やウリ科（キュウリ、カボチャ、メロン、マクワウリなど）、トウモロコシ、タマネギ、ネギなど。とくにアブラナ科は同じ品目の他の品種とだけでなく、別のアブラナ科野菜とも交雑する

ただし他家受粉の作物では自殖を繰り返して純度を高めすぎると、自殖弱勢といって生育が貧弱になったり、タネが採れなくなってしまう。気に入らないダイコンも残したほうがいい

タネ採りしやすいのは固定種

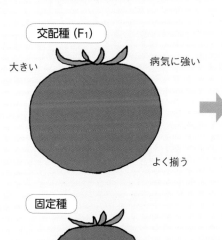

交配種 (F₁)

大きい　病気に強い

よく揃う

- タネを採ってもその性質は受け継がれない
- タネは毎年買う必要がある
- タネを採って播くと最初は性質がバラバラだが、その中から好みのものを選んでタネ採りを根気よく続ければ、好みの品種に固定できる

固定種

形や大きさ、熟期がある程度揃う

- すでにある程度性質が揃うように固定してあるので、タネを採って播けば再び同じような特徴の作物が育つ

ところで、品種の特徴というのはある程度バラつきがあったほうが味がおいしくなります。調味料を何種類か混ぜるとおいしくなるのと同じです。揃えすぎないようにするのがタネ採りのコツです

第3章

これならできる
タネ採りのやり方

農的生活を楽しむ私のタネ採り

北海道●斎藤　昭

タネは採るものである

　夏を過ぎてインゲンなどの収穫が始まると、私は毎日大きなザル2、3個にたくさんのマメをとります。マメの莢でいっぱいになったザルを家に持ち込み、夕食後に、ザルの前に座って莢からマメを取り出す作業を始めます。完熟した色つやのよいマメがあれば「今年はよいマメがとれたなあ」と、自然に顔がほころんできます。逆に不作のときには「肥料が足りなかったのだろうか」「気候が悪かったからだろうか」などと思い、気持ちがふさぎます。

　これが幼い頃から今日まで変わらない私の暮らしぶりです。兼業農家だったわが家では、莢からマメを取り出す仕事は、おもに子どもの私が担当でした。当時は取り出したマメは、まず次のタネ用として保存し、残りを食用にしていました。そのため、「タネは採るものである」という意識が自然と芽生えました。子どもの頃の手伝いが、農的生活を送っている今の私にとって、貴重な体験として生きています。

種苗交換会でタネを入手

　2000年は私が農的生活をスタートした年でした。子どもの頃に播いていたような在来種のタネを探そうと、ホームセンターなどに行きましたが、売られているのはほとんどF₁品種で、見つけることができませんでした。

　しかし、この年に入会した日本有機農業研究会が開催するタネの交換会でたくさんの在来種と出合うことができました。ここで全国から持ち寄られた在来種のタネをあれこれ手に入れ、わが家の畑で実際に栽培して、タネ採りできるか挑戦しました。当初は温暖地のタネを播いても北海道では栽培できないだろうといわれましたが、播いてみるとほとんどの作物が栽培できて、タネ採りもできました。

自家受粉と他家受粉を調べておく

　タネ採りは難しいと思い込んで敬遠している人がいますが、実際はそれほど

マサカリカボチャのタネ採りをする筆者。
皮が硬いのでナタで割ってタネを採る

❶ウリ科は他家受粉で、カボチャはすぐ交雑する。キュウリは交雑しにくい

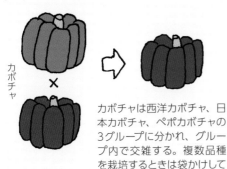

カボチャ ×

カボチャは西洋カボチャ、日本カボチャ、ペポカボチャの3グループに分かれ、グループ内で交雑する。複数品種を栽培するときは袋かけして人工交配する

❷ナス科は自家受粉だが交雑もする。ただし、トマトは自家受粉なので交雑しにくい

ピーマン オクラ ナス
交雑する

トマト
交雑しにくい

❸アブラナ科は交雑するものが多い。別のアブラナ科野菜とも交雑する。ただし、のらぼう菜は交雑しにくい

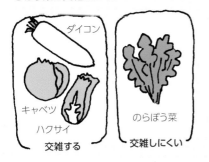

ダイコン
キャベツ
ハクサイ
交雑する

のらぼう菜
交雑しにくい

❹イネ科のトウモロコシは他家受粉で交雑しやすい

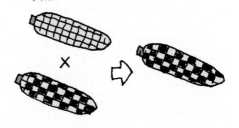

自家受粉と他家受粉（編集部作成）

難しいものではありません。私は受精による種子繁殖と、ニンニクやジャガイモなど受精によらない栄養繁殖の両方で、いろいろな野菜を自家採種しています。

種子繁殖では、交雑についてよく理解し、同じ株や同じ花の中で受精する自家受粉なのか、別の株や花から受精する他家受粉なのか、野菜ごとにあらかじめ調べておくことが重要です。もし他

家受粉の野菜なら、交雑を防ぐために、タネ採り用の株を他の株から隔離する必要があるからです。私はおおまかに図のように整理しています。

変異を楽しむ

タネを採り続けていると変異が見られることもあります。たとえばベニバナインゲン。ベニバナインゲンは通常は、花が

トマト（アロイトマト）、キュウリ（地這いキュウリ）

❶畑で完熟したトマト、キュウリを収穫し、室内で10日ほど追熟させる。

❷トマトは包丁で半分に切る。キュウリは包丁で果肉に切り目を入れ、手で縦に割る。包丁でタネを切らないよう注意する。

❸スプーンを使って、それぞれのタネ、果汁、わたを一緒にボウルなどにかきだす。

❹かきだしたタネなどをポリ袋に移す。

❺袋に入れたまま、2〜3日置き、中身を発酵させる（写真はキュウリ）。

❻袋からタネを取り出す。水洗いして、まわりについたゼリー状のものを除く。

※キュウリ、トマトはタネについたゼリー状のものを除くことが必要。2〜3日かけて袋内で発酵させることで、タネから除きやすくなる。

白いとタネの皮は白、花が赤いとタネの皮は紫色になります。しかし、白老町で栽培し、タネを採り続けているうちに、花は白いのに皮が茶色のインゲンが出てきました。

　私はこの茶色インゲンを固定しようと試みました。しかし、4年続けて白い皮のインゲンが出現しなくなったので固定種になったと思った翌年、再び白いインゲンが出現しました。なかなか固定までは難しいものです。そのうえ、ある年は黄色い皮のインゲンまで出現しました。

のらぼう菜

❶前年の秋に播種した株が、翌年の春に花を咲かせ、莢ができる。

❷莢がやや黄色く変色したらハサミで切り取り、家に持ち帰って室内で乾燥させる（右の写真）。

❸莢が乾燥したら手で割ってタネを採る。

※のらぼう菜などアブラナ科の野菜は、莢を乾燥させすぎると裂けて、タネが飛び散ってしまうので注意する。

トウモロコシ（モチットコーン）

❶交雑（キセニア）を防ぐために畑には1種類だけを栽培する。

❷実がなっても収穫せずに茎や葉が枯れるまで育てる。

❸茎や葉が完全に枯れたら実を収穫し、風通しのよい場所で1カ月ほど自然乾燥させる。

❹実の皮をむき、手でひと粒ずつタネを採る。

カボチャ（マサカリカボチャ）

❶交雑を防ぐため、人工交配（雄しべの花粉を雌しべの柱頭に手でこすりつける）した株からタネ採りする。

❷果梗がコルク状になったカボチャを収穫する。家に持ち帰って風通しのよい場所で2カ月ほど追熟させる。

❸果皮が硬いのでナタを使って割り、タネとわたを一緒に取り出す。

❹タネからわたを手で取り除き、水洗いする。

※交雑したカボチャの場合は、必ず追熟後に試食しておいしいものだけタネを採る。この時期にはカボチャばかり食べることになるので手も顔も黄色くなる。

今はこの黄色インゲンも固定しようと考えています。

　こうした変異も含め、タネ採りの興味は尽きません。採ったタネは冷凍保存し、畑に播くタネはほとんど自給しています。ひどい高温や大雨など最近の気象異常でタネ採りも困難になっており、危機感もあります。「種子がなくなると食べ物もなくなる」という事実を多くの人が意識し、タネ採りがもっと広がらなければいけないと思います。

（北海道白老町）

第3章　これならできるタネ採りのやり方

無農薬でも病害虫に強い タネの採り方

高知●桐島正一

タネ採り野菜は病害虫に強い、つくりやすい

　私がタネ採りを始めたのは、20年くらい前になります。最初は慣行農業から有機農業に替えて収入が減り、金銭的に厳しかったのでやり始めました。

　初めてタネ採りをしたのは、エンドウマメ、スナックエンドウ、ソラマメでした。これらはタネの値段が高いうえ、量も多く必要だったからです。

　今は、80品目つくっている野菜のうち60品目くらいはタネ採りしているので、タネ代は買った場合の3分の1以下ですんでいます。

　タネ採りを続けているうちに、いろいろなことに気づきました。まずタネを採る前に樹の選抜をキチッとすることで、市販のタネよりもよいものができることです。

　一般的に自分でタネ採りした野菜は、市販のタネから育てた野菜よりも病気や害虫に強く育ちます。たとえばオクラは、買ったタネでつくったときは病気で葉っぱが落ちてしまったこともありましたが、自分でタネ採りするようになってからは、無農薬でもまったくそんなことはありません。また買ったタネから育てた野菜には全体にアブラムシがついても、タネ採り

タネ採り用のズッキーニを持つ筆者
（写真は＊以外、赤松富仁撮影）

した野菜には部分的にしかつかなかったりします。

　病害虫に対する強さは、樹勢の強さ、とくに根の力が強いことに関係している気がします。たとえば市販のタネから育てたナスは、生育途中で肥料が足りなくなったりすると、すぐ実が短くなったり尻のほうが広がったりと変形してしまいます。でも自分でタネ採りしたナスは、根っこが肥料を吸う力が強いのか、キレイな形がなかなか崩れません。だからタネ採りした野菜は、非常につくりやすくもあるのです。

F₁品種でも揃いのいいものもある

　ただし品種によっては、いくら採っても性質が揃わないこともわかってきました。基本的に固定種は、タネ採りして

ズッキーニ
そうめんカボチャ
手芋
青ナス
ルッコラ
ラッカセイ
十和ダイコン
オクラ
ハゼキビ（ポップコーン）
十和カブ
ソラマメ
エンドウマメ

私がタネ採りしている野菜の一部

も性質がだいたい揃います。でもF1品種（袋に「○○交配」と書いてあるもの）からタネ採りすると、大きなバラつきが出てきます。

ただF1品種でもスイカ、エンドウマメ、スナックエンドウ、ピーマン、シシトウ、ナスなどは、タネ採りしてもわりと揃いがよかったです。

それと、これも私の経験ですが、タ

ネ自体が非常に採りにくかった品種もあります。とくに暖かい高知だからか、北海道のダイズやアズキなど寒いところで育った品種は、樹はできてもほとんど実になりませんでした。またニンジンのベーターリッチ（サカタ）など一部のF1品種も、タネが非常にできにくく、できてもほとんど発芽しませんでした。

私のタネ採り法　　それでは私のタネ採りのやり方を紹介します。

タネ採りの基本

❶肥料少なめで育て、気に入った樹を選ぶ

　最初に畑全体の中で初期生育のよい部分に目をつけ、そこだけ追肥の量を減らしてつくります。

　肥料が少ないほど生育にバラつきが出やすいので、色・形・大きさなどを見て、自分が気に入った樹を選びます。

　ただし目をつけた部分の追肥が少なすぎ、樹が枯れる寸前まで弱ってしまった場合は、改めて別の部分から樹を選びます。タネ採りする樹の生育は、強すぎてはいけませんが、極端に弱いのもよくないと思います。一番大きな樹は選びません。無病でしっかりと根の張った、その野菜本来の素直な生育をしている樹を選ぶようにしています。

❷樹の中段くらいからタネを採る

　選んだ樹のうち、一番タネが充実した部分からタネを採ります。たとえばエンドウマメなら、樹の上のほうでも下のほうでもない上から4〜8段目の莢から、ナバナなら1番花は取り除き、2番花から採ります。

　どんな野菜でも、基本的に樹の中段くらいにできるタネが、肥料が強すぎもせず弱すぎもしない時期にでき、追熟もしっかりできる充実したタネになると思っています。

スナックエンドウ。あと1週間くらいして実が黄色く熟れてきたらタネを採る。手の範囲から採ると、発芽率がよく、生育のバラつきも少ない充実したタネが採れる。株の下は肥料が効いているときにできる実、上は肥料が弱いときにできる実なので、どちらもボケたタネになりやすい

❸昔の人の知恵＋現代の方法でタネ採り

　私がタネを採るとき、参考にすることが二つあります。一つは母やおばあちゃんのような昔の人がやっていたタネの採り方、もう一つは、『にっぽんたねとりハンドブック』(現代書館)という本です。昔の人のやり方は、タネの性質をよくつかんだ方法です。ただしタネの保存方法など、冷蔵庫もある現代の方法も知っておいたほうがいいと思います。

ナス

タネ採りをするときは、まず株を選定します。私は葉の形や節間の長さ、ナスの実の曲がり具合などを見て決めています。

葉は少し丸みを帯びていて、縁に刻みの多い株を選びます。断面が丸くてきれいな長ナスになるからです。細長いような葉だと実が楕円形になります。節間は長すぎても短すぎてもよくないので、花から先端までの枝の長さが20〜25cmくらいのものにします。

長年タネを採っていても、曲がった実がつきやすい株が1割くらい出てきます。おいしいのですが、まっすぐ伸びた実のほうが箱詰めしやすいので、曲がりの少ない株を選んでいます。

次は、自分の好みにあった株の中から充実した実を選びます。時期はナスが一番元気な8月頃。朝畑に行って、実のヘタ下の伸びた部分を見るようにしています。

前夜から朝にかけて伸びた部分は白、その前の日に伸びた部分は薄紫、それより前に伸びた部分は濃い紫をしています。それぞれの色の境がくっきり鮮明な実は、養分バランスがよく、タネも充実していると思います。

色がぼやけている実のタネを採ると、発芽率が悪かったり、その後育てると実にバラつきが出たりします。

ヘタ下が白・薄紫・濃い紫にハッキリ分かれる（矢印）実からタネを採る（木村信夫撮影）

選んだ実は印をつけ、熟れるまで樹につけておきます。9月下旬頃、しっかり熟れたら実をとり、ヘタをつけたまま4つ割りにして、割れ目の中に木を挟んで乾きやすい状態にして軒下で干します。

実がボソボソになるまで乾いたら、水の中で洗い、沈んだタネだけをすくいます。2〜3日陰干しして袋に入れて、冷蔵庫（2〜3年使う場合は冷凍庫）で保存します。

①よく熟したナスの実をヘタを残して四つ割りにする

②切り口に適当な木を挟んで広げ、軒下で干す

昔の人のやり方
翌年のタネ播き時期までそのまま干す

私のやり方
③実がボソボソになるまで乾いたら水でタネを洗い出し、底に沈んだタネだけすくう

④2〜3日陰干しし、適当な袋に入れて冷蔵庫か冷凍庫に入れて保存する

ナスのタネ採りのやり方

ゴボウ

　タネを採るとき細かな繊維質のものが飛び、体がかゆくなります。ヤッケや雨合羽を着てタネ採りし、すぐにお風呂に入れるようにしたらよいと思います。

　またゴボウは、常温だと1年でタネが発芽しなくなるので、基本的には毎年タネを採ります。どうしても2年使いたい場合は、冷凍庫で保存します。

F₁サラダゴボウのタネは買うと10a4万円くらいするので高い。採り始めた最初はトウ立ちの早いものと遅いものが出たので、なるべく遅い株から採るように選抜。トウ立ちしにくいものなら年中播けるし、遅くまで畑においても硬くならないゴボウになる

ニンジン（5月下旬の姿）。「あと1カ月もすれば、花はこれくらい大きくなる」。F₁のベーターリッチから選抜したニンジン。1年目に採ったタネはほとんど芽が出ず、生育もバラバラだった。でも、わずかに育った中から採った2年目のタネは発芽率が抜群に。トウ立ちが遅い株からタネを採れば、トウ立ちしにくい品種になるので、ほぼ年中切らさずにつくれる

ニンジン

　昔から「ニンジンには宿を貸すな」ということわざがあります。つまり「タネを採ったらすぐ播け」ということだそうです。たしかに、すぐ播けばキレイに発芽しますが、長くおくと発芽が悪くなってきます。冷蔵庫に入れておけば1年はもちますが、なるべく早く使ったほうがいいです。

カブ、カラシナ

　アブラナ科野菜は交雑しやすいので、他のアブラナ科野菜とは別の場所で育てます。実が熟れて黄色くなったら株の上から40～50cmのところを枝ごと切り、逆さにして桶に入れて1カ月くらい乾燥させます。枝を持ってパンパン叩くと簡単にタネが落ちます。タネは水に入れて沈んだものを取り出し、乾かしてからビニールで保存します。

ちりめんカラシナ（5月下旬の姿）。ピリッとした辛味に風味があってサラダのアクセントに人気の菜っ葉。冬から春にかけて収穫したら、その後トウが立って開花・結実

コブタカナ（5月下旬の姿）。茎がシャキシャキして独特の風味がある人気野菜。あと2週間くらいで黄色くなったらタネ採り

タネ採りして育てたアブラナ科野菜。左からコブタカナ、ルッコラ、ちりめんカラシナ、コカブ（これは買ったタネ）、ダイコン。ほかにもいっぱいある（＊）

イエローマスタード（4月上旬の姿）。あと1カ月くらいずると小さなタネがギュッと詰まった莢ができる。大量に採れたタネは試作中の加工品「粒入りマスタード」の原料にもなる

ダイコン

　タネが落ちにくいので、乾かしてから莢で採り、臼に入れて杵でトントンつくとタネが採れます。

　以上、どのやり方の場合も、タネが樹についた状態でしっかり熟すまで待つのがコツです。

　もう一つ、樹によっては発芽しないタネばかりつくことがあるので、少なくとも5本以上の樹から採ります。

　なお、赤ジソや大葉、エゴマ、ちりめんカラシナ、タカナなどはいちいちタネを採らなくても、その場で熟してタネを落とし、翌年耕せば3年ぐらいは収穫できます。

野菜が結実する性質をよく知る

　タネを採るところは肥料を少なくすると書きましたが、これは野菜が実をつけるための一つの条件といえます。

　野菜に限らず多くの植物は、自分のまわりが生育に適さなくなると花を咲かせ、実をつけます。肥料分（チッソ分）が多くあると栄養生長を続けようとして、実に栄養を送りません。つまり植物の多くは、自分が枯れてしまうことで体内にある栄養を実に送って、小さくてもしっかりと力のあるタネをつけるのです。このことは、自分でタネ採りを始めて以来、ヒシヒシと感じています。

　また生育に適さなくなる条件の一つとして日照時間があります。夏の野菜は、短日になると花を咲かせるものがありますし、冬の野菜には長日になるにしたがって実をつけるものもあります。

　タネを採るときは、野菜の花を咲かせる条件を一つ一つ覚えておいて、実をつけるときにキチッと生殖生長に移るような肥培管理が必要です。

　現在では同じ植物でも早生種と晩生種があるので、タネを採る時期が多くなって覚えるのが大変です。

この土地に馴染んだ
オリジナル品種をつくりたい

　今後は、まだタネを採ったことがないキャベツやハクサイなどの丸くなる野菜や、ブロッコリー、カリフラワーなどのタネも採ってみたいと思っています。

　あと二つのことをやりたいと思っています。一つは地元にしかない品種の保存です。この土地にもダイコン、カブ、トウモロコシ、アズキなど「ここにしかない品種」があり、絶滅しそうなものもあります。次の子どもたちにも、昔から食べられてきた野菜を残しておきたいものです。

　もう一つ、自分オリジナルの品種を、一つでもつくってみたいと思っています。少しずつこの土地に馴染んだ固定種ができればと思っています。

　以下に、オリジナル品種に向けて、タネ採り選抜中の野菜を紹介します。

▶ナバナ

　タネを採っていると、葉っぱの色がピンクになったり、株の中心のほうの葉っぱが黄色になったりするものが出てきます。そこで私は、中心が黄色くなるものを選んでタネ採りしています。

　収量は極端に減りますが、30cm以上伸ばしてもやわらかくて甘みの強い黄

色っぽいトウが立つ、少しおもしろい品質になってきました。

▶ダイコン

　私の地元には、昔からつくられてきた十和ダイコンと呼ばれる品種があり、ダイコンはピンク色、中には葉まで赤くなるものもあります。この品種は非常に大きく、長さ60cm、太さが直径30cmになるものもあります。

　私はこの中で2種類の品種をつくりたいと思って選抜を続けています。一つは、葉は赤くて長さ30cm以内のもの、もう一つは、葉は赤で長さ60cm、太さ30cmくらいになる大きなものです。

タネ採りして殖やしている地元品種の十和ダイコン（左）と十和カブ。どちらも色がピンクで宅配では人気（＊）

▶ルッコラ

　ルッコラは、最初は青臭い感じがしました。でも今は、葉の色や形はバラつきがありますが、ゴマの香りが強くなって青臭さがなくなり、とくに1〜2月にできるものは、甘みも強くなりました（98ページ参照）。　（高知県高岡郡四万十町）

桐島正一さんがタネ採りするきれいなゴボウ（サラダゴボウ）の花に飛んできた、これまたきれいな青いアブ

腐りのないソラマメのタネ採り法

宮城県村田町●佐藤民夫さん

　ソラマメのタネは買うと高い。だけど自家採種すると腐りが多くて大変——と思っていたら、東北一のソラマメ産地でお父さんの代から50年以上ソラマメをつくり続けている佐藤民夫さんがコツを教えてくれた。

　佐藤さんは20aのソラマメ畑のために、毎年約7200粒（予備を含めて）のタネを採る。そのコツは、

▶タネ採り適期は莢がややしなびた頃
▶パリパリになるまでハウスで乾燥
▶仕上げは天日で一気に乾燥
▶よく乾いているかをチェック

の4点だ。

❷タネ用に残してあった株の莢が、少ししなびた頃に採る。これより早いと水分が多く、急に乾かすとしわになる。逆に莢が黒くなるまで待つと腐りやすい。なお、タネ採り株は事前に目星をつけておき、花が咲く前に1株15本くらいある茎を半分に間引きする。すると大粒の3粒莢がビッシリつく

佐藤民夫さん（写真はすべて田中康弘撮影）

❶ソラマメ畑。6月下旬、収穫が終わり、葉が落ち始め、株元が見えだしたらタネ採りスタート

❸地面からの湿気を防ぐためにビニールシートを敷き、その上で乾かす。夜はハウスの中に湿気がたまるので、上からもシートを被せる

採るのが遅れて黒くなってしまった莢。パリパリになっているので雨水が入り、腐りやすい

❹1週間くらいで莢が黒っぽくなり、割れるくらいになったら足で踏んで中のタネを取る。タネの表面についているわたも取り除く。わたがあると湿気が集まりやすい

❺莢から取り出したタネは天日で一気
に乾燥させる。1週間ほどで完全に水分
が抜けたら完成。水分が少しでも残って
いると保存中に腐る

❻ハンマーで叩いて粉々に
砕けるようなら大丈夫。塊が残るよ
うだと水分が残っている証拠

歯でギュッと噛んで歯跡が残ら
ないくらい乾いていれば大丈夫

現代農業

作物や土、地域自然の力を活かした栽培技術、農家の加工・直売・産直、むらづくりなど、農業・農村、食の今を伝える総合実用誌。モグラ退治にはチューイングガム⁉農家の知恵や工夫も大公開！

A5 判平均 320 頁　定価 838 円（税込）
送料 120 円

≪現代農業バックナンバー≫

2021 年 7 月号　厄介な多年生雑草　地下組織のたくらみを暴け！
2021 年 6 月号　減農薬特集　殺虫剤がわかる！　RACコードでまずは分類
2021 年 5 月号　一石何鳥⁉　すごいぞ、有機物マルチ
2021 年 4 月号　農家の教養⁉こっそり読もう　育苗＆接ぎ木のワザ
2021 年 3 月号　縦穴掘りが流行中
2021 年 2 月号　品種特集　ウィズコロナ時代 この品種でねらっていく
2021 年 1 月号　農家が教える　免疫力アップ術

＊在庫僅少のものもあります。お早目にお求めください。

ためしに読んでみませんか？

★見本誌 1 冊 進呈★
ハガキ、FAX でお申込み下さい。　※号数指定はできません

★農文協新刊案内
「編集室からとれたて便」
QR コード

◎当会出版物はお近くの書店でお求めになれます。

直営書店「農文協・農業書センター」もご利用下さい。

東京都千代田区神田神保町 2-15-2　第 1 冨士ビル 3 階
TEL 03-6261-4760　FAX 03-6261-4761

地下鉄 神保町駅 A6 出口から徒歩 30 秒　（サンドラッグ CVS を入り 3 階です）
平日 10:00 ～ 19:00　土曜 11:00 ～ 17:00　日祝日休業

これならできる！ 自然菜園

竹内孝功 著

978-4-540-10197-7

●1870円

草を刈って草マルチ、野菜の根に根性をつける種まき・定植・水やり・施肥・整枝法、緑肥やコンパニオンプランツとの混植・輪作、生える草でわかる適地適作など、野菜37種の誰にもできる自然共存型の自然栽培法。

野菜の発芽・育苗 コツと裏ワザ

農文協 編

978-4-540-19132-9

●1980円

自分で苗をつくれば、コストカットになるのはもちろん、雑草や病害虫に負けず強く育つ。培土づくり、芽だし、播種、定植までの育苗のコツと、エダマメの断根挿し木増収術などの裏ワザを写真でわかりやすく紹介。

有機野菜ビックリ教室

米ヌカ・育苗・マルチを使いこなす

東山広幸 著

978-4-540-14190-4

●1760円

誰でもできる野菜42種の有機栽培術。どんな野菜でも育苗し、身近にある米ヌカやマルチを使う。雑草を抑える「大苗＋穴あきマルチ植え」、雑草も病気も出にくくなる「米ヌカ予肥」などのワザ満載。豊富な図で解説。

農文協ブックレット

どう考える？ 種苗法

タネと苗の未来のために

農文協 編

978-4-540-20174-5

●990円

種苗法改定案を巡って錯綜する議論を整理。品種の海外流出防止と農家の自家増殖原則禁止を分ける視点を提示。品種は単なる知的財産ではなく共有材であるという視点から育成者の権利と農民の権利を共に守る道を示す。

これならできる！
自家採種コツのコツ

（公財）自然農法国際研究開発センター 編

原田晃伸 著　巴清輔 著

978-4-540-15155-2

● 1980円

自家採種のノウハウ、失敗しないポイント、収穫と採種を両立させる方法を余すところなく紹介。農家はもちろん小規模な家庭菜園でも、収穫を楽しみながら生命力が強くておいしいオリジナル品種が育てられる。

自家採種入門
生命力の強いタネを育てる

中川原敏雄 著　石綿薫 著

978-4-540-08141-5

● 1760円

有機・無農薬・不耕起栽培に向く、根張りがよく生命力の強い品種の自家育種法・自家採種法。野菜によって違う生殖特性や育種法、母本の選び方から自然生え育種法まで実践的に紹介。

今さら聞けない
タネと品種の話 きほんのき

農文協 編

978-4-540-20159-2

● 1650円

タネや品種の「きほんのき」がわかる一冊。タネ袋の情報の見方をQ＆Aで紹介。人気の野菜15種の原産地や系統、品種の選び方などを図解。ベテラン農家や種苗メーカーの育家による品種の生かし方の解説も。

野菜品種の選び方
44品目・365品種

鈴木光一 編

978-4-540-06261-2

● 1624円

タネ屋も営む直売農家が教える品種選びの極意！自分の舌で選んだおいしい「基本品種」と、珍しい「人目を引く品種」。これら両方をバランスよく揃えて作れば、食べた誰もが喜ぶこと間違いなし！

農文協出版案内
自家採種と野菜つくりの本
2021.7

これならできる！　自家採種コツのコツ
（公財）自然農法国際研究開発センター 編
原田晃伸 著　巴清輔 著

「タネ採り・タネ交換」　978-4-540-21144-7

農文協
(一社)農山漁村文化協会

〒107-8668 東京都港区赤坂7-6-1
http://shop.ruralnet.or.jp/
TEL 03-3585-1142 FAX 03-3585-3668

❼乾燥したタネを選別する。発芽しにくかったり、病気が出やすいタネは事前に選別しておく。白いかさぶたがあるものは傷付いているので病気が出やすい（左上）。しわが寄ったものは発芽しにくい（右上）。黒いシミがあるものは病気が出やすい（左下）。小粒のタネは大きいマメができない（右下）

大粒で膨らみのあるタネを残す（中が見えるように一つ割ってみた）

あまえくぼ　　芭蕉　　緑陵西　　初姫

❽乾燥選別が終わったら虫がつかないようにビニール袋に入れて倉庫で保存（常温）。完全に乾いていれば5年くらい置いてもちゃんと発芽する。毎年5品種くらいつくる。佐藤さんのタネ採り選抜したソラマメは105ページ

アブラナ科・ウリ科
交雑を防ぐ簡単タネ採りのコツ

●船越建明

「数百メートル離す」のは大変

　筆者は、広島県の「農業ジーンバンク」で、多くの種子の収集や、増殖、検定、保存、配布の仕事をしてきた。そのなかで強く感じることは、農家から収集した野菜類の種子が非常に"混ざっている"という事実である。種子は、一度交雑させてしまうと、これを元に戻すことはほとんど不可能といってもいいほど困難であるため、できるだけ交雑させないような採種を行なう必要がある。

　採種に関する文献は、これまでにも多く発行されているが、そこには交雑可能な異品種との距離を数百メートル離すとか、栽培室内での隔離栽培による採種の必要性などが書かれている。だがこれは、農家個人では難しい。もっと小規模でも交雑を防ぐ方法を開発したので、一部を紹介する。

アブラナ科

ダイコンとハクサイは交雑しない

　アブラナ科に属する野菜類にはアブラナ属、ダイコン属、キバナスズシロ属

同じアブラナ科でも属と染色体数が違うと交雑しにくい（編集部作成）

属	染色体数（n）	種類
ダイコン属	9	ダイコン、ハツカダイコン
アブラナ属	8	クロガラシ
	9	キャベツ、ケール、ブロッコリー、カリフラワー、コールラビ、子持甘藍
	10	ハクサイ、カブ、ツケナ類（ナタネ類・コマツナ類・ミズナ類・タイサイ類・タフサイ類・ハクサイ類）
	17（8＋9）	アビシニアガラシ
	18（8＋10）	タカナ、カラシナ
	19（9＋10）	西洋ナタネ、ルタバガ

※同じn10でも開花時期がずれると交雑しにくい
　n18（8＋10）はn8、n10と交雑しやすい

（ルッコラ）、オランダガラシ属（クレソン）、マメグンバイナズナ属（ガーデンクレス）、ワサビ属、トモシリソウ属（ワサビダイコン）などが含まれる。

　同じアブラナ科でも、属が違うと自然状態で容易に交雑することはない。たとえばダイコンとハクサイは、人工的に蕾授粉などを行なえば交雑させることもできるが、自然状態では交雑することはない。しかし、同一の染色体数を持った植物どうしは容易に交雑する（表）。

　花粉の移動は、ほとんどがミツバチやハナアブなど訪花昆虫によって行なわれ

アブラナ科のタネ採り法

❶タネを採る株を選ぶ。定植後の発根を
よくするため、年内か春先の地温が高い
時期に行なう（赤松富仁撮影）

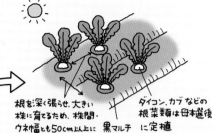

根を深く張らせ、大きい
株に育てるため、株間・
ウネ幅とも50cm以上に　黒マルチ

ダイコン、カブ などの
根菜類は母本選後
に定植

❷採種圃に植える。耕土が深く、日当たりや
水はけのよい場所を選ぶ。有機物や有機質肥
料を中心に全量元肥で施し、黒マルチを張る。
採種株数株を中心に、同じ品種の株をその周
囲にも等間隔（50cm以上）に植える（❸参照）。
病害虫を防ぐため、定期的に防除

❸開花前に採種株を数株、防虫網で
覆う。この上に雨よけ施設を設ければ
なおよい。訪花昆虫を網の中の採種
株に近づく前にこの周辺に訪れさせ
る。違う種類の花粉が採種株に飛び
込んで交雑するのを防げる

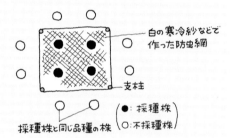

白の寒冷紗などで
作った防虫網

支柱

採種株と同じ品種の株

●：採種株
○：不採種株

❹開花させる。結実が一段落したら、
周辺の株を除去し、防虫網内の採種株
に残っている遅咲きの花も取り除く。網
は鳥害を防ぐため、タネ採りするときま
で被せておく

❺莢が7割程度黄変
したら、株ごと収穫す
る。軒下、またはビニー
ルハウス内に吊り下げ
て乾燥。タネはふるい
分けするとともに、風
選して未熟種子などを
取り除く

るが、一部は風によっても運ばれる。こ
のような条件下で、小規模でも純粋な種
子を実用的な量だけ採種するには上図
の方法で行なうのがよい。

防虫ネット＋おとり株

　採種集団の中心部には、将来の採
種株を数株植え付け、その周辺部に同
一品種をいずれも等間隔に植え付ける。
周辺部に植え付けた株からは採種しな

ウリ科のタネ採り法

❶開花前日の夕方（夕方に開花する種類では朝）、雌花に袋をかける。交配用の袋は、光がよく入るグラシンという紙でつくる。大きさは18cm×12cm程度。カボチャなどの大きい花は、花びらを3分の1程度除去する

❷雌花に袋かけするのと一緒に、雄花を採取。交配に使える熟花のみ選び、ドンブリなどに入れ、上からラップをかけて室内で貯蔵。一つの雌花にたいして2～4個の雄花を用意する

❸雌花と雄花を交配する。花粉を多くつけると採種量が増える。カボチャやトウガンなどでは、雌花一つに雄花二つで十分だが、花粉の少ないキュウリやスイカ、単性花のメロン類では四つくらい使用

いが、これらの株は開花時に訪花昆虫の採蜜場となる。訪花昆虫は、防虫網の中の採種株に近づくよりもまず、この周辺株に下りる。すると、外部から運ばれてきた異種類の花粉が採種株へ飛び込んで交雑するのが防げるとともに、周辺株は採種株への花粉の供給源としての役目もはたすのである。

アブラナ属やダイコン属の中には自家不和合性の強いものがあり、これらは単独株ではほとんど実らない。その点、数株の集団を採種株として網かけ栽培したうえ、その周辺部に同種の株を植え付けておけば、採種量は確実に多くなる。採種株どうしの花粉の交換のほかに、採種株と周辺部の株とのあいだで

も花粉が交換されるからだろう。

一方、採種株の網かけ栽培のみで周辺部に何も植えなかった場合は、採種量は周辺部に同じ株を植えた場合より少ないのみならず、交雑が多くなり純粋なタネが採れない。この原因は、網に付着した状態で咲いている採種株の花に、訪花昆虫が網目を通して採蜜することや、風によって外部から異種花粉が網内へ飛び込むことで交雑するからだと思われる。

ウリ科

ウリ科は雌雄異花のものが多く、しかもメロン類の一部以外はほとんどが単性花である。日本で栽培されているメロ

58

❹交配が終わったら、再び袋をかける。袋に交配月日を記入しておく。結実した果実が肥大してくると袋は破れてしまうので、適当な時期に別のラベルに転記して、採種用果実の収穫の目安にする。交配果実以外は早めに除去して、交配果実の充実を図る

❺交配後から採種までの日数は、マクワウリやスイカで40日、メロン・シロウリ・キュウリ、ふつうのカボチャ類では50〜60日、大型のトウガン・ユウガオ・ヒョウタン・巨大カボチャなどでは70日以上必要

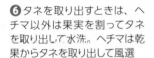

❻タネを取り出すときは、ヘチマ以外は果実を割ってタネを取り出して水洗。ヘチマは乾果からタネを取り出して風選

❼タネを水に入れ、沈んだものだけ選んで、紙の上などに広げて乾かす。カボチャのタネは比重が小さく沈みにくいので、内容が充実していそうなら、浮いたタネも選ぶ

ン類（メロン・マクワウリ・シロウリ）は、雌花が両性花で雄花は単性花である。このようにわが国で栽培されているウリ科野菜は、単独の花で結実するものは少なく、結実させるには雄花の花粉を雌花の柱頭につける必要がある。この役目はふつう訪花昆虫が行なっている。

　ウリ科植物も、自然状態で採種した場合、交雑する種子が非常に多くなる。これを防ぐには、①開花前日の夕方（ユウガオやヒョウタンなど、夕方開花する種類では開花当日の朝）に雌花の袋かけ、②雄花の採取、③開花時に袋をはずして交配、④再び袋をかけ、交配月日を記録しておくことが必要である（上図）。このとき、花粉の交換は少なくと

も2〜3株のあいだで行なうのが望ましい。1株のみでも結実はするが、遺伝子の幅を広げる意味で、複数の株のあいだで遺伝子を交換したほうが生産力の低下が少ないといわれている。

　ある程度大規模に行なおうとすれば、同一品種の数株を網室内で栽培し、雌花の開花が始まった頃からミツバチなどの訪花昆虫を放して交配させる。交配月日は、結果した果実がゴルフボール大（キュウリでは長さが10cm程度、シロウリなどでは長さ5cm程度）になった頃に、数日遡った月日を書いたラベルを付ければよい。病害虫防除は適期に行なう。

（（財）広島県農林振興センター　農業ジーンバンク）

8年でできる
無肥料で育つニンジンのタネ採り法

千葉県富里市●高橋　博さん

　甘い。くさみがない。ジュースにして飲ませたら「!?　これ、カキのジュースですか?」といった人がいた。そこでこのニンジンは「フルーティー」という名前になった。測ってみたら、カロチンやビタミンが普通の品種の3倍ある。それもそのはず、このニンジン、まったくの無肥料無農薬畑で選抜固定されてきた、生命力極強の品種なのだ。

チッソ極貧の無肥料畑で
元気に育つニンジン

　30年近く無肥料無農薬、外から投入するものはいっさいなし、堆肥さえも入れない。土に含まれるチッソは通常畑の10分の1――という高橋博さんの自然農法畑に、試しにF1の品種を播いてみたことがある。全国的につくられているニンジンの王様品種「向陽2号」。だが、高橋さんの無肥料畑では見事に生育が止まってしまい、まったく育たなかった。

　が、そのすぐ横ですくすく育つのが、先の「フルーティー」。品種が違うだけで、こんなにも差が出るものなのだろうか。小さな小さなタネひと粒の中に、それだけの遺伝子情報が詰まっている。

無肥料畑で何年も育つうちに、すっかり無肥料で育つ形質を獲得してしまったというわけだ。

タネ採り3年目の事件

　高橋さんが自家採種を始めたのは25年くらい前になる。自然農法に切り替えて3年ほどたった頃だ。当時はすでに

高橋博さん(自然農法成田生産組合)。収穫にはまだちょっと早い「フルーティー」を抜いてもらった。無肥料無農薬、堆肥もなしで10a3tくらいは安定してとれる

F₁隆盛時代になっていて、タネが採れる固定種を探すのに苦労したものだが、埼玉の親戚の知り合いにようやくニンジンの自家採種をしているおじいさんが見つかった。頼み込んで、やっとゆずってもらったニンジンが10本。

馬込系の品種だということだったが、3寸くらいの短いもので、色も黄色。形も不揃いで、どう見てもあまり魅力的ではなかったが仕方ない。高橋さんは、参考書を片手にタネ採りに挑戦した。1年、2年……、当時は、花が咲くときには雨よけしないと受粉がうまくいかないことなども知らなかったので、タネの発芽率がものすごく悪かった。「やっぱり買ったタネのほうが質がいいなあ」と何度思ったかわからない。それでも形質が揃うように形のいいニンジンを選び続け、少しはよくなったように思われた3年目──。

なんと、ニンジンがメチャクチャになった。おそろしいほどバラバラだし、最初にもらったときのニンジンより悪い。「製品」になるものが出ない。全滅だ。固定種といえども、何年か採っているうちに原種が出てきてしまうのだろうか。無肥料の厳しい環境で栽培・採種し続けているせいで、眠っていた遺伝子が目を覚まして発現してきたのだろうか。

だが、高橋さんはあきらめなかった。

高橋さんの冷蔵庫に入っていたいろんな作物のタネ。地域の自然農法の出荷組合の仲間と、作物を分担してタネ採りを始めた。自家用畑の延長でタネ採りすれば無理がかからない。右のビンはニンジンのタネ

目をこらして一本一本よく眺める。すると、メチャクチャばらばらなニンジン数万本の中に、本当にすばらしいニンジン、ほれぼれするニンジンが、4～5本あった！　高橋さんはこの貴重な4～5本を母本としてまた植え直し、タネを採り続けたのだった。

……このことは、のちのちの高橋さんにとっても大きな影響を及ぼした。自然農法の大家である高橋さんのところにはいろんな人間が研修に訪ねてくるわけだが、それはそれはいろんな人がいる。なかにはどうしようもない人もいるのだが、どんなにダメ人間でもその人のどこかにはすばらしいものがある。目をこらしてそれを見つけること、そしてそれを大きく伸ばしてやること……。自家採種を続けることで、高橋さんにはそういう実力がついた。人との出会いや教育と、

タネ採りはそっくりなのではなかろうか。

その後、5年目、6年目とニンジンはだんだん揃ってきた。タネ採りを始めてから8年ほどたった頃、ようやく「これでいいかな」という感じの品種になった。病気に強くて姿のいい気に入ったニンジンを選んできただけなのに、なぜか甘くておいしいニンジンになった。「フルーティー」の誕生だ。

8年で、どんな品種も自分の畑に合う

その後いろんな人の話や仲間の畑を見たりしても、タネがその畑になじむようになるまでには3年かかる。4年目からは固定されてきて、品種として完成するにはやはりほぼ8年。種苗会社の人に聞いてもそういっていた。8年あれば、ほぼどんな品種でも、その畑用の品種に変わる。もとの品種はF1でも固定種でも何でもかまわない。自分の好きに選び続ければ、当初とはまったく違った品種に仕上げることも可能だと高橋さんは思う。

タネ採りは気の長い作業だ。手間もかかる。経費もかかる。だから、タネ

「タネの肥毒」を抜くためのタネ採り

無肥料で作物が健全に育つようになるためには「土の肥毒を抜く」ことが大事だと高橋さんは考えている。肥毒が抜けると、作物は急にのびのびと育つようになり、病気も害虫も寄らなくなる。だが高橋さんは、「本当は、土の肥毒を抜いただけでは不十分で、それに合わせてタネの肥毒を抜く必要があるのです」という。タネ自身にも肥毒があるという考え方だ。

「堆肥や有機質肥料をたっぷりやる『有機農業』の人は市販のタネでも大丈夫でしょうが、無肥料で栽培する自然農法農家にとっては、これは死活問題なのです」。肥毒の抜けたタネを使わない限り、無肥料栽培では収量は上がらないし、病害虫がよってたかってダメにしてしまうので、経営的に成立しないというわけだ。高橋さんは今、自然農法の仲間に自家採種することを一生懸命勧めている。

過酷な環境で何年もタネ採りを続け、眠れる遺伝子が発現する。その瞬間こそがまさに「肥毒が抜けた」とき——と、そういうことなのかもしれない。

※高橋博さんが所属する自然農法成田生産組合
のニンジンのタネ採り法は次ページ。

代が高くなるのはある程度仕方ない。
だが、農家の経営がどんどん厳しさを
増す昨今、経費削減のためにも、タネ
は自分で採るようにすべきではなかろう
か、と高橋さんは思っている。自分で
採れば、自分の畑に合ったタネにできる。

無肥料無農薬などという過酷な環境にさ
えも耐え、生命力が強いせいか栄養価
も高く、おいしい品種にまでなってくれ
る。
　タネは変化する。それを存分に味わ
えることがタネ採りの醍醐味だ。

採種間近のニンジン（矢郷桃撮影）

ニンジンのタネ採り法 （自然農法成田生産組合のやり方）

❶ 母本選抜。頭も尻も詰まりがよく、色がよく、寸胴に近い形状のすばらしい個体を選ぶ。高橋さんは、出荷調製作業中に気に入ったものを取り分けておくんだそうだ

❷ 選んだ母本はその日のうちに植え付け（秋なるべく早く、地温のあるうちに植えたい）。90cm×60cm。霜にやられないよう、ニンジンの肩がすっぽり埋まるくらい深植え。もちろん無肥料

❸ 4月上旬、新芽が出てきた様子

❹ 5月上旬頃、勢いのいい天花を切って、他の花を均等に大きくする

天花はカットする

花を6〜8本に整理する

小さい花がわきから次々出てくるので全部摘む

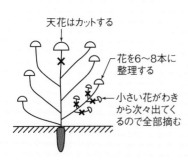

❺ 5月中旬頃、1株当たり6〜8花に数を揃える。すると数日後に側枝（わき芽）が出てくるので、それを全部取る。放任すると、力のないタネしか採れない

❻ 6月上旬頃、花が咲いた状態。雨よけトンネルをかける。倒れないよう支柱も立てる。このまま花がキツネ色になるまでおく

❼ 7月下旬〜8月タネのついた花を採ってきたらヘアーブラシでタネを落とす

❽ タネを乾燥させる（ヘアーブラシで落とさず、花の形のまま乾かしてもいい）

❾ ノゲ取り機（もちつき機のようなもの。高橋さんの地域ではホームセンターで売っていた）の蓋に重石をかけて10分くらい運転すると、タネがよくはずれる

❿ ふるいにかけて、ゴミ落とし

⓫ 2〜3時間水選。2割くらい浮くので、沈んだタネを採ってまた乾燥させる。保存は乾燥剤を入れたビンや缶で、冷暗所に

畑に合ったオリジナル品種を簡単育種
「自然生え」タネ採り法

●中川原敏雄

果実からタネを取り出す
必要はありません。
トマトまるごと埋めればいい。
市販の品種から、自分の品種を
つくってみましょう

秋、涼しくなってから
収穫した完熟果をウネ
溝に並べる。果実が
腐ってから覆土

元・自然農法国際研究開発センター
中川原敏雄さん（黒澤義教撮影、＊も）

自然生えしやすい野菜としない野菜

「自然生え」とは、辞書によると「播種しないのに、草木などが天然に生えること」（広辞苑）と説明されています。身近なところでは、収穫が終わった畑や、堆肥、生ゴミからカボチャやミニトマトが発芽して実をならせているのを目にしたことがあるのではないでしょうか。

まわりをよく観察してみると、自然生えはけっして珍しいものではありません。もっとも一般的なのは、春の訪れを知らせてくれる菜の花で、堤防の土手や線路沿いにナタネやカラシナが咲き乱れています。秋には、土手一面に白い花を咲かせるニラの群落、畑のまわりで群生するシソ、かき菜などを見かけるでしょう。なかには、オカノリ、ルッコラ、ツルナのように畑で雑草化するものもあります。

これまでの観察から、自然生えしやすい野菜を表にまとめてみました。この表から、自然生えしやすい野菜は、病害虫が少なく、少肥でよく育つものが多く、逆に自然生えしない野菜は、多肥性で無農薬栽培が難しいものが多いことがわかります。

トマトの自然生え育種

中玉、小玉が自然生え向き

トマトは果菜類のなかではもっとも自然生えしやすく、交雑が少ないので、家庭菜園でもこの育成法を取り入れやすい野菜です。素材にするタネは市販のF_1品種でよいですが、大玉種より中玉～小玉種のほうが適しています。自然農法国際研究開発センターの育成品種では、病気に強いサンティオ、食味のよいメニーナ、ボニータ、一度栽培したら毎年自然生えしてくるブラジルミニがおすすめの品種です。

作物ごとの自然生え適性

適性度	作　　物
◎	シソ、オカノリ、カラシナ、ナタネ、ニラ、ツルナ、オカヒジキ
○	カボチャ、ミニトマト、地ダイコン、在来カブ、ニンジン、ゴボウ、ツケナ類、ケール、リーフレタス、花オクラ、ルッコラ、フダンソウ、ツルムラサキ、ライ麦、アマランサス、トンブリ、アワ、キビ、アズキ、ササゲ、ジャガイモ
△	キュウリ、マクワウリ、カンピョウ、スイカ、メロン、大玉トマト、ナス、ピーマン、ネギ、小麦、ヒエ、ダイズ、インゲン
×	キャベツ、ハクサイ、玉レタス、タマネギ、カリフラワー、ブロッコリー、ホウレンソウ、セロリー、エンドウ、スイートコーン

◎～△まで自然生え育種が可能

❶秋、涼しくなったら果実を埋める。ウネ幅2m。浅い溝を切り、完熟果を坪当たり5〜10果になるよう並べる。果実が腐り、平均気温が10℃以下になったら覆土

自然生え

❷翌年、桜が満開を過ぎた頃、1果から20〜30株の芽が出てくる。本葉4〜5枚までは互いに支え合うように生育

自然選抜1

❸第1花房が開花する頃、勢いのよい株（矢印）が伸び出してくる

自然選抜2

❹伸び出した株は次々と枝葉（わき芽）を広げ、他の株の生育を抑える

　なお、自然生えの素材にするものは固定種でもかまいませんが、どの品種でも自然生えするとはいえません。固定種に比べると、F₁品種のほうが雑種性が強く、次世代でいろいろなものが出てきて強いタネが残る可能性が大きいので、F₁を素材にすることを勧めています。前述の当センターの品種でも、ブラジルミニ以外は固定種（ただし純系ではない）

間のF₁にしてあります。

完熟果実をまるごと利用

　1年目はふつうに栽培することから始め、収穫がそろそろ終わりになる晩秋の時期になった果実を自然生えに使います。果実を埋める場所は、邪魔にならない畑の隅を選び、肥料や耕耘をせず自然の状態にしておきます（肥料を入れ

◎ このカードは当会の今後の刊行計画及び、新刊等の案内に役だたせて
　いただきたいと思います。　　　　　　　はじめての方は○印を（　　　）

ご住所	（〒　　　－　　　） TEL： FAX：

お名前	男・女　　　歳

E-mail：

ご職業	公務員・会社員・自営業・自由業・主婦・農漁業・教職員(大学・短大・高校・中学 ・小学・他) 研究生・学生・団体職員・その他（　　　　　　　　　　　　）

お勤め先・学校名	日頃ご覧の新聞・雑誌名

※この葉書にお書きいただいた個人情報は、新刊案内や見本誌送付、ご注文品の配送、確認等の連絡
　のために使用し、その目的以外での利用はいたしません。

● ご感想をインターネット等で紹介させていただく場合がございます。ご承下さい。
● 送料無料・農文協以外の書籍も注文できる会員制通販書店「田舎の本屋さん」入会募集中！
　案内進呈します。　希望□

■毎月抽選で10名様に見本誌を１冊進呈■（ご希望の雑誌名ひとつに○を）
　①現代農業　　　②季刊 地 域　　　③うかたま

お客様コード　□□□□□□□□□□□

17.12

お買上げの本

■ ご購入いただいた書店（　　　　　　　　　　　　　　　　　書 店)

●本書についてご感想など

●今後の出版物についてのご希望など

この本を お求めの 動機	広告を見て (紙・誌名)	書店で見て	書評を見て (紙・誌名)	**インターネット** を見て	知人・先生 のすすめで	図書館で 見て

◇ 新規注文書 ◇　　　郵送ご希望の場合、送料をご負担いただきます。

購入希望の図書がありましたら、下記へご記入下さい。お支払いはCVS・郵便振替でお願いします。

(書名)		(定価) ¥		(部数)	部
(書名)		(定価) ¥		(部数)	部

❺最終的に果実をつけることができるのは坪当たり1〜5株。勢いのある枝に支柱を立てて誘引する

これはF₁8品種から自然生えを3〜4年繰り返した、育成中のトマト13系統です。変わった形の品種もつくれますよ（＊）

❻おいしい果実、気に入った果実を選びながら、自然生えを繰り返す。5〜6年で形質が揃ってくる

ると伸びすぎて自然選抜が働かず、共倒れを起こす）。

　最初は、1坪くらいの面積から始めてください。ウネ幅2mの真ん中に浅い溝を切り、よく完熟した果実を1坪当たり最低5〜10果くらい並べて置きます。すぐ土を被せると発芽してしまうので、果実が腐るまでそのままにしておきましょう。平均気温が10℃以下に下がるよう

になってから土を被せてください。このとき、自然生えを確認できるように目印の棒を立てておくとよいでしょう。

桜が満開を過ぎた頃から発芽

　自然生えは、翌年の桜が満開を過ぎた時期からです。フジの開花からカッコウの初鳴きの期間によく発芽してきます。遅霜の恐れがある地域では、枯れ草で

第3章 これならできるタネ採りのやり方

69

覆って霜よけをしてください。春に少雨が続くと発芽をひかえ、梅雨期になってから発芽する場合があるので、つねに観察を怠らないようにしましょう。

自然選抜

　自然生えの発芽率は果実によってバラつきがありますが、およそ1果から30株くらい発芽してきます。一つの果実から発芽した苗は、ひと固まりの小群落となって本葉4〜5枚頃までお互いに支え合うように生育します。

　第1花房が開花する頃、いくつかの小群落のなかから、仲間から後押しされるように勢いのよい株が伸び出してきます。伸び出した株は次々とわき芽を伸ばし、四方に枝葉を広げていき、最終的に枝をもっとも多く出した株が、たくさんの果実（種子）をつけることができます。果実をつけることができるのは、1坪当たり1〜5株くらいです。他の株は生育途中で生長が止まってしまいます。

最低限の管理で放任栽培

　自然生えの管理は、雑草抑制と根の活力を高めることを重点に、過保護にならない程度に行ないます。

初期除草……根が張るまでの幼苗期（本葉4枚頃まで）を重点に、株まわりを除草します。

自然形仕立て……根張りをよくするため、トマトのわき芽はかかず、すべて放任にします。トマトは、ほふく性でそのまま伸ばすと地を這って四方にどんどん広がるので、株まわりに支柱を立てて伸びのよい枝を上に誘引してやります。

刈り敷き……まわりの雑草を定期的に刈り、株元に敷いて根を保護してやります。

おいしい果実を選んで自然生えを繰り返す

　自然生え育種では、トマトに栽培者の気持ちを伝え、進化の方向性を示すことが重要です。自然選抜された株の果実を食べ比べてみて、おいしいものを優先的に翌年の自然生え用に選ぶようにしましょう。選んだ果実で、再び自然生えを繰り返します。選抜した果実を土に埋めて翌年自然生えさせるために、溝を切ってそこに並べておくわけです。同じ場所で毎年繰り返してもよいですが、株が残っていて邪魔な場合は埋める場所を変えます。

　最初は甘みが少ないものでも、選んでいくうちに、きっと栽培者を満足させるタネに進化すると思います。

5〜6年で形質が揃ってくる

　トマトは自家受精のため、毎年タネを

"野良野菜" の自己主張

四葉系キュウリはベト病に弱い。自然生え育種でそれを改良したのが左の品種

自然生えの野菜というのは、野生に戻ろうとしているのでしょうか。

私が、意図的に自然生えを育種に取り入れてみて感じるのは、自生した野菜は野良猫のように人間の暮らしとかかわりながら、ある程度自立したライフスタイルを求めているのではないかということです。なぜなら自生野菜は、草刈り、除草で雑草の勢力が弱まった場所や、生ゴミや堆肥などが入ってある程度栄養条件のよい場所からしか自然生えしないからです。

人間の手が加わった場所を好んで生育する1〜2年生雑草とよく似ています

が、雑草と違う点は大群落をつくる生活力に乏しいことです。もし畑で自生野菜と雑草が一緒に生育していたなら、人は自生野菜のほうを抜かずに残すでしょう。自生野菜はそのことをよく承知していて、人間にとって有益であるという強みを生かし、それを生き残るための戦略にしているのではないかと思うのです。

実際、自然生えしやすい環境をつくってやると、甘いトマトや葉のやわらかいケール、病気に強いキュウリなど、人間の気を引くような思いがけない株が出現します。これまでは食用にされるだけで自己主張することのなかった野菜たちが、野良野菜（野をよくする野菜）となって、肥料・農薬を使わなくても健康に育ち、おいしい野菜ができることを人間にアピールしているような気がするのです。こうした野菜が秘めた生命力を生かし、自立を支援しながら、有機栽培に合ったタネを育てていくのが、自然生えを生かしたタネの育成法です。

採り続けていくと5〜6年で形質が揃ってきます。自然生え3年目から、果実の特徴、草姿が判別できるようになり、その畑に合ったオリジナルなタネになります。

3〜4年自然生えを繰り返すと、埋めたものとは別に、株元に自然に落ちた果実からも盛んに自然生えするようになります。このようになったら畑にタネが馴染んできたと見てよいと思います。気に入ったトマトのタネを採種して、オリジナル品種として使えるかどうか、そろそろ普通栽培してみるのもよいでしょう。

（（財）自然農法国際研究開発センター）

ジャガイモだって自家採種

同じ畑で育ったのサ

ジャガイモの種イモは高い。だからといって自家採種した種イモでは、病気になったりでうまく育たず、年々収量が減る、というのが定説。でも長年、自家採種を続けている人もいるようだ。

自家採種「アンデス赤」で年2作、ずっと連作
茨城県取手市●佃 文夫さん

4～5年で味が乗ってきた

　佃さんが所属する㈱秀明ナチュラルファーム足立。無農薬・無肥料でつくる赤いジャガイモも、全部自家採種。もともとの品種は「アンデス赤」で、当初は「男爵よりはおいしくないな」と思ったものだが、4～5年自家採種を続けるうちに、だんだん味が乗ってきた。取引先にも人気のイモだ。

　佃さん、かつては他の品種で自家採種に挑戦したこともあったが、実が小さくなったり、立枯れに悩んだ。比較的病気に強い品種だと聞いて種イモをもらったアンデス赤は、もう22代目になる。確かに立枯れするような株はほとんどない。

野良イモのように……

　休眠の浅いアンデス赤は、春秋に2回作付けすることがポイントだそう。

「年1回だと、芽が動いて種イモが劣化するせいか、生育がよくないんです。同じ畑の野良イモのほうが勢いありますからね。だからできるだけ、土の中で保存するようにしています」

　春作のジャガイモは6～7月の収穫になるが、種イモ用は秋作を植え付ける9月になってから掘り出して、芽数を調整し、すぐに植える。

　秋作も同じようにして、種イモ用は土の中で越冬。凍み対策には、株に盛り土しておく。

春ジャガイモ　6～7月　食用は収穫。
種イモは掘らないでおく

秋作植え付けの9月に
掘り出して、すぐ植える

秋ジャガイモ

種イモ用は土
の中で越冬。
凍みないよう
に盛り土する

春に掘り出して、
植える

図1　佃文夫さんのやり方

ジャガイモの自家採種を うまくやるコツ
長野県安曇野市●竹内孝功^{あつのり}さん

毎年「タワラヨーデル」「グランドペチカ」「出島」「マチルダ」など8〜10種類のジャガイモを自家採種する竹内さん。気をつけているのは、やっぱり病気。そのポイントは——

種イモ畑は無肥料、前作にネギ

ジャガイモは、本来、多肥を嫌う品目。肥料が多すぎるから、病気の種イモができる。だから、種イモだけは無肥料の畑で育てたほうがいい。そして必ず前作にネギを栽培し、ネギとジャガイモを交互に栽培する。

3日連続晴れた日に収穫

保存に適したぶ厚い皮にするため、葉や茎が完全に枯れた「完熟」状態で収穫。湿ったイモだと保存中に腐ったり、病気が入り込むので、乾いた日に掘る。

種イモの大きさは80g

丸のまま植えたほうが病気になりにくいので、S玉くらいの80gが目安（植え付け時に頂芽を切る）。スの入ったもの、腐ったものは避ける。

病気を防ぐために気をつけていること

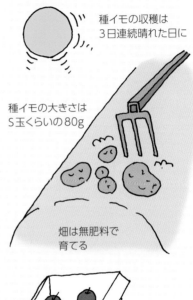

種イモの収穫は
3日連続晴れた日に

種イモの大きさは
S玉くらいの80g

畑は無肥料で
育てる

保存はリンゴを入れた
段ボール箱に

図2　竹内さんのやり方

保存中に休眠から覚めるのを防ぐ

芽が出ると保存中に劣化して、病気が入りやすい。夏に掘った種イモを翌春まで保存するが、休眠が浅い品種には段ボール1箱当たりリンゴを2個ほど一緒に入れて出芽を抑制する。

自家採種しやすいジャガイモ、しにくいジャガイモ

福島●菅野元一

ジャガイモが好きで育種家に

　家庭菜園で一つだけ作物を栽培するとしたら、迷わずジャガイモと答える。ジャガイモを愛する皆さんも、きっとそう答えると思う。ジャガイモは比較的短期間で栽培でき、食べて飽きないうえ、主食にも野菜にもなり、保存もきくからだ。

　長年、農業高校で学生たちに教えたり、一般人対象の園芸講座を担当してきたが、ジャガイモとサツマイモに興味を示してくれた人は多い。そして私自身、ジャガイモが大好きで、品種改良のために何年もかけて多くの品種を育て、退職後の現在も、広い圃場で奮闘している。ジャガイモへの興味は尽きることがない。

　栽培を重ねて、わかってきたこともある。ジャガイモは基本的に、サツマイモやサトイモと違って病気に弱く、種イモを毎年更新しなければ収量が落ちてしまう。しかし、なかには自家採種で栽培し続けられる品種もあり、私の経験上、30年以上自家採種し続けられる品種、3〜5年程度なら問題ない品種、自家採種した種イモで栽培するとただちに病気にかかる品種の3パターンに分類できる。

筆者。福島県立相馬農業高校に勤務（倉持正実撮影）

自家採種できる品種

　まずは30年以上自家採種しても大丈夫な品種「ロシアイモ」と「イータテワールド」について説明する。

　ロシアイモは埼玉県秩父地方の在来種で「大滝芋」（または「中津川芋」）ともいう。戦争で従軍した兵隊さんが大陸より持ち帰って普及させたそうだ。100年以上も更新されずに自家採種され続けてきたことになる。早生品種で病気に強く、イモが多数できて収穫量も多い。休眠は浅く、粘質で食味は中程度で、煮崩れはしない。

　イータテワールドは筆者が育成した品種である。阿武隈高地の飯舘村で発見した株から選抜育成し、30年以上自家採種を続けているが減収していない。

本品種は戦後、入植時に持ち込まれたらしく、元の品種から数えれば70年以上も自家増殖してきたことになる。早生で収穫量が多く、無農薬でも抜群に病気に強い。形がよく、食味も男爵やメークインより優れる。

この品種は当時、プラスチックゴミが将来必ず大きな社会問題となるときがくると想定して育種したものである。豊富なデンプンを利用して加工すれば、自然に還る容器などとしても活用できる。ようやく、出番がきたようだ。

3〜5年程度可能な品種

次に、自家採種が3〜5年程度可能とした「さやあかね」「アンデス赤」「グウェン（グエン）」（以上、日光種苗など）、「タワラヨーデル」（82ページ）、「イータテベイク」（筆者育成品種）、「マチルダ」について述べてみる。

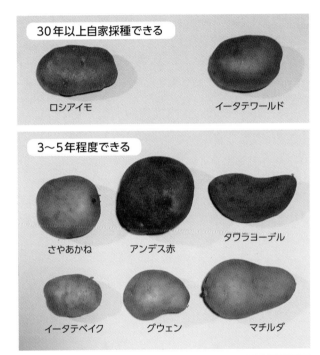

30年以上自家採種できる

ロシアイモ　　　　イータテワールド

3〜5年程度できる

さやあかね　　アンデス赤　　タワラヨーデル

イータテベイク　　グウェン　　マチルダ

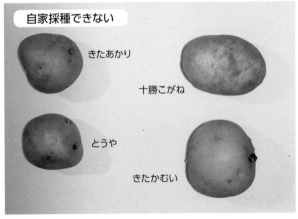

自家採種できない

きたあかり

十勝こがね

とうや

きたかむい

さやあかねは生育が非常によく、収量が「とうや」や「きたあかり」の3倍にもなる画期的な品種である。休眠が浅く保存性は劣るが、食味もよく、有望な品種である。

　アンデス赤（アンデスレッド）は収量も多く、粉質で食味が優れ、家庭菜園には好都合である。休眠が浅く、芽が出やすい欠点がある。このアンデス赤の変異株として発見され、俵正彦氏によって育成されたのがタワラヨーデルである。休眠が少し長い。

　グウェンはフランスの品種で、病気に強く、大きなイモがゴロゴロと多く収穫できる優れた品種である。食味は、粉質を好む日本人には物足りない感じがするのではないか。

　イータテベイクは、将来を視野に入れ、自然農法（無肥料・無農薬栽培）向きの品種として筆者が育成したものである。原品種は「インカの星」だが、収量は男爵並みで、極粉質で煮崩れしにくい。焼きイモ（ベイク）用はもちろん、フライやサラダなどの料理に向く。抜群に食味が優れていて、あまり大きくならないので、丸ごと使える。ただし寒冷地向きで、広く全国には適応できない。その点を改良中なので、種イモの生産も行なっているが、温暖地の農家はしばらく待ってほしい。

　マチルダはスウェーデンで育成され、収量も食味もよく、病気にも強い品種である。

　以上の品種は3〜5年栽培しても収量の低下がないから、あるいはもっと長く自家採種可能なのかもしれない。

　自家採種できるジャガイモの品種を分析してみると、特徴として次の3点があるように思う。第1にイモの表皮の色が赤や薄赤の品種に多いこと。第2に収量が比較的多いこと。第3に収穫後の休眠期間が浅いことである。

　私は民間育種家として、これら自家採種可能な品種群を親ないし片親にし、毎年交配を繰り返して多くの実生個体を育てている。自家採種できるジャガイモにこだわり、肉じゃが用、ベイクド用、煮物用、サラダ用、コロッケ用として育成中である。2011年の原発事故から帰還した今、残された人生の時間を用いて育種を続け、またいずれ皆さんに公表したいと思う。

自家採種できない品種

　一方で、「きたあかり」「男爵」「メークイン」「インカのめざめ」「十勝こがね」「とうや」「きたかむい」など大部分の品種は、通常、自家採種した種イモで栽培すると、アブラムシが繁殖してウイルス病に罹患してしまう。1年目に収量

ジャガイモは「地下資源」

ジャガイモはクローンで増殖するから、一度、特定の病害虫に汚染されてしまうと収穫皆無か、絶滅の危機にさらされる危険性が極めて高い。だから現状は、種イモ生産を国家が管理して、植物検疫制度下で行なうのはよいことであろう。近年の予算上の経費削減で、それを廃止したり民営化したりして、ジャガイモの種苗生産が一部の企業に独占され、流通量や価格が支配されるようなことがあってはならない。

そして「種イモは毎年購入するもの」という考え方は誤りではないが、今回紹介したように、何年も自家増殖して栽培しても収量が低下しない品種がある限り、早急に自家採種可能な品種類を交配親にして育種することも重要だと思う。

そして今後においても、(必要な場合は育成者の許諾を得て) ジャガイモの自家採種を普及させることはよいのでは

なかろうか。

私が願うのは、自家採種可能な品種類の遺伝的なメカニズムを検証し、世界に誇れる優れた種イモ生産に取り組むことである。地下資源の少ないわが国にとって、ジャガイモの種イモは「地下植物資源」である。種ジャガイモは社会貢献度が非常に高く、優れた輸出産品にもなる。長期にわたって生産販売して、オランダ並みに稼ごうではないか。

種苗生産はわが国の得意分野である。応用科学の代表である農業は、徹底した現場主義であれば、産業として多くの利益を生むと確信する。課題発見も、その解決策も、その検証も、すべて現場にあることを痛感する。

社会が自家採種できるジャガイモの優良品種を要求している。生産者と消費者の利益を第一にした育種や研究が重視されることを願う昨今である。

が半減、2年目となると極端に減収する。だから毎年ホームセンターなどから、検疫に合格した種イモを購入するわけである。

なぜわが国のジャガイモは病害虫に弱いのか。それは長い間、交配親となる育種用素材が限られ (メークインと男爵に代表されるように)、似たような特徴の品種が普及してきたためだと考えられる。そのほうが栽培上有利で、病害虫

が多発しても既存の農薬でなんとか乗り切ってきた。また、欧米各国で多くの個性的な品種が消費者から要求されたように、わが国でも近年は、用途に応じた個性的な品種を求められるようになってきた。そこで育種の現場では食味と収量が優先されるものの、依然、病気に強い品種の育成は追いつかないのであろう。

(福島県飯舘村)

自家採種できるジャガイモ
俵正彦さんが世に残した 14 品種

長崎●竹田竜太

ジャガイモの民間育種家、俵正彦さん（故人）

故・俵正彦さんとの出会い

新規就農3年目、少量多品目の露地野菜と黒米を主とした水稲を栽培しています。栽培する作物のほとんどがタネ採りできる在来種・固定種で、地元の伝統野菜を中心に有機農法で栽培しています。

個人育種家の俵さんとの出会いは4年前、その元で種ジャガイモをつくっている知人の紹介でした。私はその前に「タワラマゼラン」（80ページ）と出合っていて、その味、色、収量にびっくりさせられていたので、育種したのはどんな人だろうと思っていました。

初対面は寒い1月でした。俵さんはすでに現役を引退され、体調が思わしくない中、畑を前にジャガイモについて1時間以上熱く話をしてくれました。農家や消費者にとって安全で、自然界にも負荷をかけないジャガイモをつくろうと考え、突然変異の品種を発見したこと。育種する際には、ジャガイモの生命力を高めるために、あえて青枯病やそうか病の出る畑で10回以上選抜することなど、貴重な話を聞くことができました。

そして2年前の春、種ジャガイモの検査に立ち会わせてもらったのが最後となりました。

病気に強く、自家採種できる

俵さんが育成した品種は全部で14品種（80ページ。うち登録出願したのは10品種）。基本的にいずれも青枯病やそうか病に強く、連作が可能です。ただし、シストセンチュウへの抵抗性はなく、種イモは国による検疫を受けています。

左から筆者、妻の真理、桑田博文さん
（以下、＊を除いてすべて赤松富仁撮影）

　そして、すべての品種が自家採種できるのが大きな特徴です。俵さんは、ジャガイモには強い生命力があり、葉についたアブラムシを自ら葉を動かして払いのけようとしたり、環境に適応して色や形を変えたりして（突然変異して）、自ら生き残ろうとしていると話していました。

　ですから、種イモを買った農家が自家増殖することについても、個人で青果として出荷する分には賛成していたようです。とくに有機農家にとっては、自前の種イモは農薬使用の心配がなく、なにより種苗費がかからず経済的負担がありません。また、自家採種を続けることで、タネがその土地（風土）の環境に適応してくるからです。

　私も、タネを採る農家として自立した今、農家の自家増殖を制限する動きについては反対です。たとえばタネを自分の子どもと同じように考えれば、自分が育てたからといって、自分のものではありません。タネは誰のものでもないのです。

残された品種の栽培を引き継ぐ

　俵さんが亡くなり、一番弟子の桑田博文さんから「俵さんの品種、種ジャガイモを一緒に残していこう」と声をかけられ、俵さんの大学生の息子さん（俵圭亮さん）を代表にして、去年、3人で「俵農場」を立ち上げました。でも14品種すべての種イモ栽培となると2人では大変なので、まずは品種を絞っての栽培です。

　俵さんからジャガイモ栽培について、もっと話を聞いておけばよかったと後悔しています。しかし、残された14品種を俵さんの子どもたちだと思って、栽培を通して、ジャガイモから学ぼうと思います（次のページから、それぞれの特徴を紹介します）。

（長崎県雲仙市・竹田かたつむり農園）

種イモの生産圃場。すべて無農薬無化学肥料（＊）

グランドペチカ

「レッドムーン」（サカタ）からの変異種。
レスラーのマスクのような赤と赤紫のま
だら模様で別名「デストロイヤー」。粘
り気のあるしっとりとした食感と、ほど
よい甘みと旨み。レッドムーンより生育
旺盛で多収量

タワラマゼラン

「グランドペチカ」の変異種。硬い土の
栽培に向く。ジャガイモ、サツマイモ、
クリを合わせたような深みのある甘みと
ホクホク感。煮崩れしにくく、カレーや
ポテトサラダ向き

タワラアルタイル彦星

「マゼラン」の変異種。マゼランよりしっ
とりした食感。通称「金魚」というだけ
あって、皮色が白で赤色の斑点模様が
入る。そうか病に弱い傾向がある

タワラワイス

もっちりとした食感。少肥でもよく育ち、肥大性もあり多収

タワラ小判

小判形で皮色が白。果肉がしまっていて煮崩れしにくい

タワラムラサキ

円形で薄い紫と白のまだら。肥大性があり多収で、そうか病に強い。俵さんが最初に育成した品種

サユミムラサキ

「タワラムラサキ」の固定中に出てきた品種。疫病に強く、肥大性あり

タワラポラリス北極星

「タワラムラサキ」からの変異種。外皮は鮮やかな夜空を思わせる紫色に、星のように白色が点在する。肥大性あり。きめが細かく味がしみやすい、あっさりとした食感

タワラヨーデル

「アンデス赤」からの変異種。粉質で煮崩れしやすい。アンデス赤より疫病、軟腐病に強く、休眠が長い

タワラマガタマ

「タワラヨーデル」の固定中にできた品種。濃い紫色で、古代のまがたま（勾玉）の形。身がしまっている

タワラヴィーナス

「タワラヨーデル」からの変異種。粉質でホクホク系。マッシュポテトやコロッケに向く。味はクリーミーで、熟成させると甘くなる。メークイン同様に休眠が長く、長期保存に向く。イモの着生位置が浅く、水田でも栽培可能

徳重ヨーデルワイス

まがたま形で赤い。タワラ品種の中で唯一白い花を咲かせる

タワラ長右衛門宇内

長細い形状で、フライドポテトに向く。メークインからの変異種。多収で休眠が90日と長い。地中に斜めに潜るようにイモがつくので、緑化しにくい

クワタルパン

桑田さんの名を付けた品種。外見は「グランドペチカ」に似る。ニンジン後などの肥沃な土に向く

《 種イモの注文は筆者と桑田さんまで 》

竹田かたつむり農園（080-5547-3601、E-mail:takedakatatsumurinouen@gmail.com）
販売はタワラマゼラン、グランドペチカ、タワラ小判、タワラアルタイル彦星、タワラワイス、徳重ヨーデルワイスの6品種。5kgから。

桑田自然農園（090-3600-8481、FAX 0957-60-4709）
販売は竹田さんと同じ6品種。1kgから。

タネ採りに必要な株数は？

タネ採りに必要な株数

2〜5株ほどの少数個体で自家採種してもあまり力が落ちない作物	ナス科作物（トマト、ナス、ピーマンなど）、ウリ科作物（キュウリ、スイカ、カボチャなど）、インゲン、ダイズ、ササゲ、エンドウ、ラッカセイ、イネ、小麦など
20個体程度以上で自家採種したほうがよい作物	アブラナ科作物（ダイコン、カブ、ツケナ類、キャベツ、ハクサイなど）、ネギ、ソラマメなど
50個体以上で自家採種したほうがよい作物	ニンジン、タマネギ、トウモロコシなど

『これならできる自家採種コツのコツ』（農文協）より一部加筆

　ほかの株からの花粉で受粉しやすい他殖性作物は、あまり少ない株数でタネ採りを続けると生育が弱くなりやすいので、ある程度の株数が必要となる。ほぼ完全な他殖性のアブラナ科の葉菜類や根菜類は、20〜50株（本）以上必要。自殖もできるがかなり他殖もするキュウリは理想的には10株だが、家庭菜園では5株程度あればよい。ほぼ完全な自殖性のトマトなら2〜3株ほどで十分だ。

楽しいぞ！ タネ交換

「たねのわ」 in 埼玉のタネ交換会

埼玉●小島直子

筆者と夫の丈幸。2人とも元システムエンジニア（写真は＊以外、2018年11月25日に依田賢吾撮影）

タネ採りの世界にはまる

　埼玉県飯能市で農業をしています。会社員時代に3年ほど市民農園を借りて野菜を育て、趣味が高じて夫を説得、2013年に夫婦で農業を始めました。現在はお米20a、小麦20a、ライ麦20a、ダイズ50a、少量多品目の野菜畑が90aほどあります。いずれも農薬や肥料を使っていません。栽培するのはすべて固定種で、自分でタネを採っています。

　タネを採り始めたのは市民農園時代です。地元飯能市の野口種苗研究所の店主、野口勲さんの本を読み、固定種野菜のおいしさと、タネを未来に継ぐ大切さを知ったことがきっかけです。野菜をつくって食べるだけではなく、その一生を見届けられるタネ採りの世界にすっかりはまってしまいました。

　なにより、タネ採りするとたっぷりタネが採れるのが嬉しいです。たとえば8mℓで300円するコマツナのタネが、今年は1ℓくらい採れました。

「たねのわ」のタネ交換会

　たくさん採れたタネは、「タネの交換会」に持って行きます。私たちのタネ交換会は、2010年に埼玉県日高市のタネ屋「たねの森」の紙英三郎さんが始めました。

交換会は夏と秋の年２回。
会場は埼玉県日高市の
「森の果樹園」

2015年に有志が運営委員となって「た
ねのわ」を発足。「タネはみんなのもの。
タネを分かち合い、タネを通じてつながっ
ていきましょう」という理念のもと、現
在は年に2回（7月と11月の最終日曜日）
のタネ交換会を中心に活動しています。

　私は市民農園時代からこの交換会に
参加していて、就農後、たねのわを立ち
上げるときに誘われて運営委員となり、
2017年から会長を務めています。

自己紹介とタネ紹介に1時間

　では、タネの交換会の様子をご紹介
しましょう。

　参加者は毎回40〜60人くらい。農家
だけでなく、家庭菜園を楽しんでいる人
やこれから野菜をつくりたいという人も
集まります。地元埼玉県全域の他、神
奈川県や東京都、長野県から来る人も
います。どなたでも歓迎しているので、
読者の皆さんもぜひ！

　メンバーには開催1カ月前に案内を出
して、持ってくるタネの品種情報（作物
の名前、採種した年月、自家採種歴、
栽培方法、特徴など）を教えてもらい、
リストをつくって当日配布します。

　会場は「たねの森」近くの「森の果樹
園」。ここでは午前中に青空マーケット
が開催され、親子連れが楽しんでいま
す。タネの交換会は午後から。その宣
伝も兼ねて、午前中からマーケットの一
角を借り、タネを広げて「タネ採り相談
室」を開いています。たとえば「ダイコ
ンのタネを採ったけど、莢が硬くて……」
というお悩みに、「洗濯板を使うとラク
ですよ」とコツを伝えたりしているんです
（22ページ）。

　午後1時になると、会場のテント内に
参加者が集まり、車座になって自慢のタ
ネを並べます。全員そろったら自己紹介
と、持ってきたタネの紹介です。

　自己紹介といっても、何度か参加し
ていれば皆顔見知り。「交換会でいただ
いたひと握りの小麦が、今年は40kgに
なりました。脱穀が大変でした」と苦労
話を嬉しそうにするご婦人がいたり、新
たに借りた畑の話をする人がいたり、ス
ピーチタイムは自分とタネの近況報告の
場でもあります。家庭菜園を20年続けて
「八百屋さんで買い取ってもらえるように
なりました」という話には、会場が沸き
立ちました。

　そんなこんなで、紹介タイム1時間は
あっという間。初参加の方は緊張した様
子ですが、参加を重ねるにつれ、表情
がほぐれていくのが嬉しいです。

自己紹介とタネの紹介

有機農業のメッカに移住

都内在住の頃から畑を借りていて、**持ってきたラッカセイは8年前からタネを採り続けてます**。畑を使えない時期が2年あって、その間は友人の畑に里子に出していました。小川町に移住したので、次回はもっといろいろ持ってきたいと思います。

湯浅学さん
(埼玉県小川町)

半農半ガラス工芸作家

家庭菜園のつもりで野菜をつくっていましたが、八百屋さんから声をかけられて春から販売を始めました。固定種というのが珍しいのか、喜ばれています。**今日は「ミニズッキーニ」や「十六ササゲ」など5品種のタネを持ってきました。**

翠知子さん
(さいたま市)

「現役高校生」のタネ屋

えー、**タネの販売が本業で、学校の勉強は副業です。**今日は消費期限切れでもう売れないタネを持ってきました。ちゃんと発芽します。最近、ホームページをつくりました。インターネット上でタネ交換できる仕組みをつくりたい。

小林宙さん

西原晴久さん
(神奈川県
藤沢市)

大規模家庭菜園愛好家

500坪の畑で100種類以上の野菜をつくっています。ほとんど固定種。タネ採りが趣味なんですよ。持ってきたのは「世界一トマト」(野口のタネ)や「内藤とうがらし」(江戸野菜)、「ハブソウ」のタネなど27種。

代々のプロ農家

1ha以上の畑で50品目の野菜をつくって直売所出荷。つくっているのはF1品種も多いんですが、**直売所でヒットしそうな品種を求めて、交換会には毎年タネを持って参加してます。**数年前にもらった「花オクラ」はけっこうよかった。

小川薫さん
(埼玉県上尾市)

タイ料理や薬草活用を教える

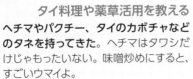

ヘチマやパクチー、タイのカボチャなどのタネを持ってきた。ヘチマはタワシだけじゃもったいない。味噌炒めにすると、すごいウマイよ。

神崎ソラダーさん
(東京都青梅市)

いざ、タネの交換タイム

　参加者は話を聞きながらも、この日集まったタネリストを睨んで、欲しい品種をチェック。いざ交換開始の合図と同時に、お目当てのタネに急ぎます。

　タネは大袋で持ってきている人、1人分ずつ小袋に分けてきている人などさまざま。あちこちで、タネのやり取りや、育て方についての情報交換も盛ん。それはそれは、大変な盛り上がりです。

　たねのわの交換会では、タネを持ってきていない人も自由にタネをもらうことができます。大切なのは、タネをもらって育ててみること。そして、できればそのタネを採って、また交換会に持って帰ってくることです。それを私たちは「タネ返し」と呼んでいます。興味本位で参加してみたという方が、ここでタネをいっぱいもらったことをきっかけに、畑を借りて栽培を始めることもあります。

　交換タイムは約1時間を目安に終わりにして、懇親会を始めます。夏はスイカやトマトを持ち寄ったり、冬は味噌汁を用意することもあります。食べながら、また話に花が咲きます。

私が出会ったタネたち

　交換会に、私はいつも30種類くらいのタネを持っていきます。そして、世に

交換が始まるとご覧の通り。あちこちでタネのやり取りが始まり、一気に盛り上がる

90

八房いんげんと丹波大納言小豆。どちらも交換会でもらい、タネ返し

出回っていない、すごいタネとの出会いを毎回楽しみにしています。

「小島さん、タネが余っちゃったから持って行って」と半ば押し付けられることも多いのですが、そこにも出会いがあったりします。信州の伝統野菜**糸萱かぼちゃ**は、固定種には少ない西洋系でほくほくの甘いカボチャです。夏の暑さにも負けず生命力が旺盛なので、無肥料でもすごくよく育つ。探し求めていたカボチャでした。1個4kg以上と家庭で食べるのは大変なので、6分の1にカットして出荷しています。お客さんにも大好評で「カボチャおいしかった」とわざわざ電話してくれる方がいるほどです。

市民農園時代にもらったひと握りの**小川町青山在来大豆**は、今では毎年100kgくらい生産しています。エダマメでもおいしいし、ダイズも好評です。

小川町の横田農場さんからいただいた**万木かぶ**の甘さも、衝撃的でした。カブは当時すでに4種類育てていましたが、これはぜひタネ採りしたいと思うおいしさでした。

花嫁小豆は名前と色が気に入ってタネを譲ってもらいました。花嫁さんのように紅白でかわいいアズキです。すぐ煮えるので、里帰りしてもすぐに嫁ぎ先に戻れる。名前にはそんな由来があるそうです。

タネ採りを始めませんか

　交換会では、自分が育てている品種のタネをもらうこともあります。同じ畑で採種し続けると、血が濃くなって弱くなっ

小島農園が提供したタネ。計44種

てしまいます。たまに別の畑で育ったタネと混ぜることで、また強くなるようです。

　また、タネが戻ってくるのも嬉しいです。福島県の知人にもらった**黒マンズナル**（大莢インゲン）は、交換会に出した後、自分の畑ではよく育たない年がありました。しかし、私のタネを増やして交換会に持ってきてくれた人がいて、またつながりました。

　種子法廃止や種苗法の問題で、タネが注目されています。私は今こそ、昔のように皆でタネ採りをすればいいと思います。タネを採ることで自分の土地に馴

小島農園が交換会に出した品種リスト（全44種）

アブラナ科	トマト	ウリ類	マメ類
みやま小カブ*	世界一トマト*	相模半白胡瓜*	山下いんげん
三浦ダイコン*	中玉マティナ*	神田四葉胡瓜*	精治郎いんげん
中生成功甘藍*	サンティオ	奥武蔵地這胡瓜*	三尺ささげ
紹菜（タケノコ白菜）*	ステラミニトマト*	極早生乙女西瓜*	借金なし大豆*
ドシコ（ブロッコリー）*	ピッコラカナリア	メロン　才色兼備	青山在来大豆
紫ブロッコリー	ブラックチェリー	糸萱かぼちゃ	黒千石大豆
中生チンゲンサイ*		十角へちま	妻沼茶豆
安藤早生小松菜*	**ナス**	ヒョウタン*	羽生在来赤大豆
	真黒ナス*		
	緑ナス	**タマネギ**	**その他**
		奥州玉葱*	ルバーブ
	ピーマン・トウガラシ	湘南レッド玉葱*	ゲンノショウコ
ニンジン	さきがけピーマン*		
冬越黒田五寸人参*	オレンジパプリカ	**イネ**	
トウモロコシ	万願寺唐辛子	豊里	
モチットコーン	紫とうがらし*	神丹穂	

＊は野口のタネ、紫ブロッコリーはたねの森、サンティオとモチットコーンは自然農法国際研究開発センターで購入（入手先は141ページ）。それ以外は交換会や個人的に譲ってもらったタネ

タネ交換で出会った品種

染み、病害虫や暑さ寒さに強い品種に育ちます。

　そして私は、仲間ができたことで、タネ採りがより楽しくなりました。分かち合えば、喜びも大きくなります。皆さんも、ぜひタネ採りを始めて、交換会に参加してみませんか?

（埼玉県飯能市）

※小島さんのタネ採りについては、20ページの記事もご覧ください。

1個4kg以上に育つ「糸萱かぼちゃ」。ほくほく甘くて猛暑にも負けない（小島農園提供、以下＊も）

「万木かぶ」。交雑しやすいので、収穫物の中から形がいいものを選び、植え直してタネを採る（母本選抜）（＊）

「花嫁小豆」。名前と色合いに惚れてタネをもらった（＊）

タネ交換会にいらっしゃーい!!

「たねのわ」のタネ交換会に集まった人たち。途中で出入りした人も含めると、70人近くの大盛況だった

『現代農業』の誌上タネ交換会

『現代農業』
誌上タネ交換会のしくみ

自家採種した自慢のタネはありませんか？
応募資格は自分のタネの提供。
交換で誰かの自慢のタネをもらおう。
もしかしたら、誌上でおなじみのあの農家からももらえるかも。

参加の仕方

・あなたが自家採種した自慢のタネを用意し、3人分に小分けしておく（1人分の量は1坪（3.3㎡）で栽培できる程度から）。
・250円切手（参加費）を用意し、このページ左下にあるタネ交換応募券を切り取る。
・紙に以下の4項目を記入する。
　①あなたの名前、住所、電話番号、性別、年齢、メールアドレス（あれば）
　②あなたのタネの品目・品種名と自慢のポイント（タネを受け取る人へのメッセージ）
　③あなたが欲しいタネ（最大3品種、何でもOK）
　④誌面で紹介した提供者のタネで、一番欲しいもの（例：○○さんのソラマメ）
・記入した紙、自慢のタネ、250円切手、タネ交換応募券を封筒に入れて、投函する。

宛先

〒000-0000　東京都港区赤坂○－△－■　農文協『現代農業』タネ交換係

タネ交換　応募の〆切　○月×日

タネの受け取り

・○月末までに、参加された方全員にどなたかのタネ（1品種以上）を届けます。
・できるだけ希望のタネに沿うように編集部でマッチングしますが、別のタネが届く場合もあります。

※注意　コンプライアンス遵守と育成者権保護の観点から、「登録品種」については、タネの譲渡ができません。

○○××応募券
現農タネ交換

このページの応募券は見本で、使用できません。

『現代農業』では2019年と2020年、タネ交換会を行ないました。
これは、2019年2月号『現代農業』に掲載された誌面です。

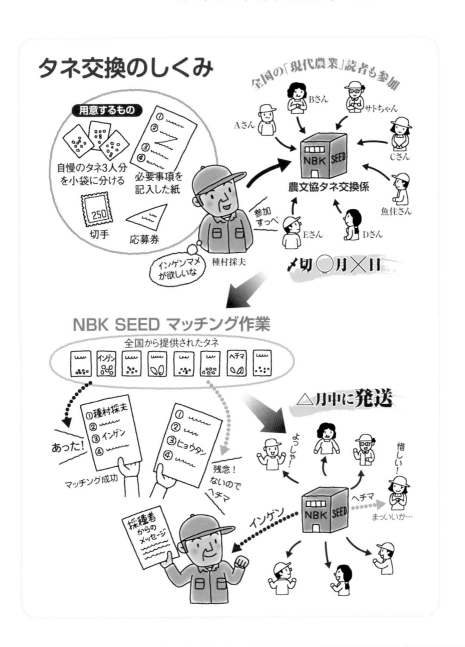

『現代農業』おなじみの農家の
こんなタネを出品します

誌上でおなじみの 10 名の農家の、とっておきのタネを紹介してもらった。
これらのタネは第 1 回誌上タネ交換会 2019 に出品された。

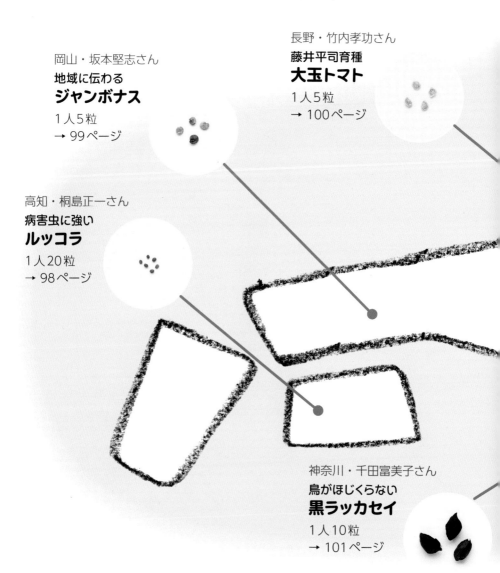

長野・竹内孝功さん
藤井平司育種
大玉トマト
1人5粒
→ 100ページ

岡山・坂本堅志さん
地域に伝わる
ジャンボナス
1人5粒
→ 99ページ

高知・桐島正一さん
病害虫に強い
ルッコラ
1人20粒
→ 98ページ

神奈川・千田富美子さん
鳥がほじくらない
黒ラッカセイ
1人10粒
→ 101ページ

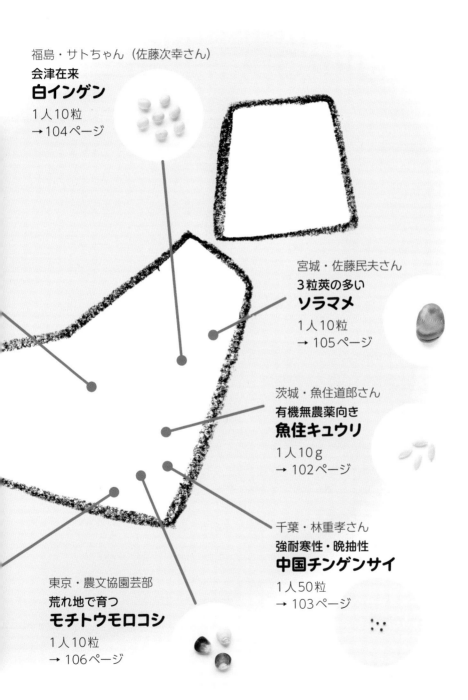

福島・サトちゃん（佐藤次幸さん）
会津在来
白インゲン
1人10粒
→104ページ

宮城・佐藤民夫さん
3粒莢の多い
ソラマメ
1人10粒
→105ページ

茨城・魚住道郎さん
有機無農薬向き
魚住キュウリ
1人10g
→102ページ

千葉・林重孝さん
強耐寒性・晩抽性
中国チンゲンサイ
1人50粒
→103ページ

東京・農文協園芸部
荒れ地で育つ
モチトウモロコシ
1人10粒
→106ページ

ダイコンサルハムシもヨトウも寄ってこない
桐島さんの
ルッコラ
高知●桐島正一

このルッコラのタネは20年以上前に地元のタネ屋で購入したF₁からタネ採りしたものです。初めはいろんな花や形が出ましたが、自分の好きなものを選んでいった結果、多少バラつきはあるものの、いいものが採れるようになりました。

花は白が多いですが、黄色いのは病害虫に強いとわかってきて、それを採り続けたら、ダイコンサルハムシも寄ってこなくなりました。隣のダイコンやタカナにヨトウムシがいても、こっちはやられない。

それと、葉がギザギザなものよりも丸いほうが辛くないから、丸葉を意識して選んできたので、味もマイルドでおいしいです。元肥（鶏糞）は普通に入れますが、追肥は控えめにして葉色を薄くつくるほうが、葉っぱの苦みが少ないし、タネの揃いもいい。ゴマの香りが強くて青臭さが少ないので、サラダや水炊きで食べるとおいしいです。

※桐島さんのタネ採りについては、44ページの記事もご覧ください。

ルッコラ。黄色い花と丸葉を選んでタネ採りしてきた

1.5haの畑で80品目以上の野菜を鶏糞栽培。自家採種も60品種ほど（赤松富仁撮影）

地域に伝わるジューシーな
坂本さんの
ジャンボナス
岡山●坂本堅志

　約15aの菜園でジャガ芽挿しなどの工夫をこらしながら、いろいろな野菜や花づくりを楽しんでいます。野菜約30種類、花15種類は自家ダネで栽培しています。

　なかでもナスは私が住む地域だけで栽培されているジャンボナスを長年育てています。もともとは近所の内山肇さんのお母様が栽培されていたナスで、実が大きく日持ちがよいのが特徴です。それ以上の由来はわかりませんが、病気

多めの元肥とこまめな水やりで多収がねらえる。実が大きいので丈夫な支柱を立てる

に強いのでつくりやすく、収量も多くて気に入っています。

　ジャンボナスの実はたいへんみずみずしくてやわらかで、コクや甘みも感じられます。どんな料理にも合い、とくに焼きナスがジューシーでおいしい。毎年夏に開かれる集落の夏祭りや草刈り作業の後の焼き肉パーティーでは炭火で丸焼きにして食べます。みんなで食べる焼きナスは最高です。

（依田賢吾撮影）

99

藤井平司著『図説　野菜
の生育』（農文協）で掲載
されている品種の後代

天然農法の藤井平司さんが育種

竹内さんの

大玉トマト

長野●竹内孝功

　野菜の育ち方の原理を探り、「天然農
法」を提唱した故・藤井平司氏が育種
したトマトのタネ。露地用の大玉トマト
で、チッソ過多ではボケやすく、疫病が
多発しやすいです。現代のトマトより香
りがよくて酸味が強く、青臭さも残して
います。ハウス栽培による大量生産、輸
送に耐える育種へと向かう前の日本人が
選んだトマト。「フルーツ」ではなく、「本
物の野菜」をめざして育種されたトマト
という印象です。

　私もトマトの本当の姿を知りたくて、
各地の品種を取り寄せるうちに、維持
品種が60種にも増えました。４年に１
度栽培して品種を維持しているものもあ
ります。「タネを預かっている」感覚で、
私の圃場に来てタネが少しでも喜んで本
領を発揮してくれればうれしい。そんな
想いを共有してくれる方にお渡しし、み
んなで品種を維持できればと思います。

自給的な暮らしをしつつ、
自然菜園の講師を務める。
著書に『これならできる！
自然菜園』（農文協）
など（依田賢吾撮影）

カラスがほじくり返さない
千田さんの
黒ラッカセイ

神奈川●千田富美子

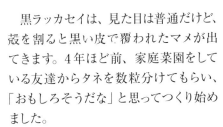

　黒ラッカセイは、見た目は普通だけど、殻を割ると黒い皮で覆われたマメが出てきます。4年ほど前、家庭菜園をしている友達からタネを数粒分けてもらい、「おもしろそうだな」と思ってつくり始めました。

　草丈が高くなるのが特徴で、遠くまでタネを埋めようとしているのか、株がわっと広がります。それから、鳥にイタズラされないのがいいですね。私がつくっているジャンボラッカセイの場合、毎年秋になるとカラスがやって来て、地面をほじくり返すんですけど、黒ラッカセイだとそれがありません。殻が硬いからかな? それとも、黒い色素が嫌いなのかな? カラスに聞いてみないとわかりませんよね。

　収穫したらペンチで殻を割って、7～8分ゆで、塩をまぶして食べます。ジャンボラッカセイより、甘いんですよ。

ジャンボラッカセイもつくっている

有機農業で鍛え上げて
「魚住化」したキュウリ
（依田賢吾撮影、右も）

完全有機無農薬栽培向き

魚住さんの

魚住キュウリ

茨城●魚住道郎
（うおずみみちお）

　元はサカタのさつきみどりと黒さんご、自然農法国際研究開発センターの上高地の3種交流です。それぞれ別にタネを採っていたんですが、交雑して区別がはっきりしなくなってきた。そのタネを10〜15年選抜し続けて、今や完全に「魚住化」したキュウリ。つまり、有機無農薬栽培向きの品種です。

　4月上旬から8月中旬にかけて3、4回播種して、6月中旬〜10月上旬にかけて収穫しますが、高温期も低温期も安定してよく採れる。無農薬でも病気に負けません。

　基本はブルームありのトゲトゲキュウリですが、たまに長いものや短いもの、トゲが多いものや少ないものが出たりします。

　でもどれも味はよくて、提携してるお客さんから喜ばれてます。サラダはもちろん、ヌカ漬けにしてもピクルスにしてもいけますよ。

約600羽のニワトリを平飼いし、3haの田畑で多品目を栽培する有機農家

寒さに強くて、トウ立ちが遅い

林さんの
中国チンゲンサイ

千葉●林 重孝

有機農業を始めて37年。野菜はもちろん、穀類や果樹など合計80品目を栽培しています。農産物はセットにして、提携している消費者やレストランに販売しています。

このチンゲンサイのタネは「関東たねとりくらぶ（種苗交換会）」（118ページ）で20年前、中国人の方にもらいました。

特徴の一つは耐寒性が強いこと。秋に3回、春に2回タネを播きますが、寒さに強いので冬場でも被覆資材をベタがけする必要がありません。また、トウ立ちが遅く、青物野菜の少ない4月中旬まで収穫できるので、重宝しています。

6月にタネ採りをし、9月の頭から密植気味に播種。9月上旬は虫の被害もありますが、早く葉物野菜がとりたいので失敗を覚悟して多めに播いています。10月の後半になると大きくなったものから収穫できます。

※林さんのタネ採りについては、28ページの記事もご覧ください。

冬でも
被覆資材は
いりません

会津のばあちゃんたちの地豆
サトちゃんの
白インゲン
福島●佐藤次幸

　亡くなった母親がタネ採りし続けてきた地豆の白インゲン。ふつうは白あんの材料にすっけど、うちではシンプルに茹でて塩で味付けするだけ。サラダにしたり、肉や魚の脇に添える。クセがなくて食べ飽きない。イタリア料理のシェフからも引っ張りだこだよー。

　収量もスゴイ。無肥料だけど、つるに莢がすだれのようになる。梅雨明け後

白インゲンと生ハムのサラダ。豆を卸すイタリア料理店での地豆メニュー（倉持正実撮影）

に、キュウリの棚仕立てにして片側だけに播くといいよ。株間は地力に合わせて50〜100cm。生長点も側枝もぐんぐん伸びっから。

　収穫・調製作業も大変だから、うちではネットごととって軽く丸めてハウスの中に入れておくよ。乾いたら莢をはずして、今度は家の薪ストーブで温める。殻がパリパリになって豆をとりやすいよ。豆打ちしなくてもいいから、殻が粉々にならずに選別作業もラク。冬場の仕事だね。

稲作の機械作業名人、サトちゃん
（依田賢吾撮影）

大粒で3粒莢が多い

佐藤さんの
ソラマメ

宮城●佐藤民夫

　私の住んでいる村田町は古くからのソラマメ産地で、私の出荷する道の駅では「そらまめうどん」や「そら豆こんにゃく」などが人気です。私は7、8年かけて全国で栽培されているソラマメをテストして、この土地に合う品種を選んできました。現在は、さび病にめっぽう強く無消毒で栽培できる緑陵西一寸（みかど協和）と、唐此の春（八江農芸）から大粒で旨みが強いものを選抜して栽培しています。

　唐此の春は春播きができ、発芽率がよい品種です。3粒莢が多くて粒も大きく、収量が多いことも魅力の一つです。どちらかというと糖度がのりにくいホクホク系ですが、秋播き、春播きともに糖度14度以上になります。

　天ぷらで食べると旨みがひきたって格別。薄皮をむくか、つまようじで穴を開けてから衣をつけると、火の通りがよい。うちではカレーやシチューにもたっぷり使い、春の味覚を満喫しています。

※佐藤さんのタネ採りについては、52ページの記事もご覧ください。

甘くて多収！

直売所名人でずらし販売名人
（田中康弘撮影）

東京・赤坂の片隅で
タネ採りを続けた

農文協の
モチトウモロコシ
●農文協園芸部

　東京・赤坂の屋上菜園で在来のダイコンやトウモロコシなどの自家採種を続けている。これは、10年以上前に通販で入手した在来の「黒モチトウモロコシ」をもとに自家採種を重ねたもの。他の在来種と交雑したのか、紫や白の粒も混じるが、味はあまり変わらない。トウモロコシやダイコンは純系を維持するのが大変なので、多少は他と交雑してもOK、逆に何が出るかお楽しみくらいの気持ちで続けている。

　生育が旺盛なので、事務所と隣の駐車場のスキマにも5株ほど疎植している。石ころだらけの土だが、無肥料でもよく育つ。1本の苗から3〜5本の分けつが出てそれぞれに2、3本の実がつく。雄穂と雌穂の出るタイミングのズレが小さいためか、少量栽培でも実つきはよいようだ。やわらかい実を蒸かすとおいしいが、電子レンジでチンするだけでも、もちっとした味わいとやさしい甘さを楽しめる。

成熟期。皮をむくと実が若いうちは白いが、だんだん紫、黒と色付いたり、黒一色だったり

第1回誌上タネ交換会に届いたタネ

果菜類

アロイトマト、サンマルツァーノ（トマト）、ナス、青ナス、大丸ナス、長崎長ナス、水ナス、名倉ナス、えんぴつ茄子、イタリアンナス（ヴィオレッタ・ディ・フィレンツェ）、ブラジルの緑ナス（ジロ）、伊勢ピーマン、トウガラシ、タカノツメ、激辛青唐辛子（品種名不明）、ひもとうがらし、日光とうがらし、万願寺とうがらし、内藤とうがらし、紫シシトウ、オクラ、オクラ（クレムソン）、ジャンボオクラ、オクラ（スターオブデイビッド）、丸オクラ（エメラルド）、赤オクラ、赤オクラ（Hill Country Red）、花オクラ、四葉キュウリ、キュウリ（しろうま）、小白井キュウリ（福島県いわき市川前町の在来種）、ときわ地這い胡瓜、ズッキーニ（ココゼリ）、ズッキーニ（品種不明）、カボチャ、鶴首カボチャ、糸萱かぼちゃ、ヒョウタンカボチャ、小型洋種カボチャ、面長黄スイカ（ラグビースイカ）、イタリアンメロン（ZATTA）、網干メロン（兵庫県）、テルヨシメロン（兵庫県のマクワウリ）、巨大マクワウリ、トラマクワ（虎御前）、別珍瓜、トウガン、トウガン（群馬在来）、長冬瓜（カモウリ）、シロウリ、松本皮なしウリ、トカドヘチマ（沖縄県の食用ヘチマ）、ヘチマ

トウモロコシ

白トウモロコシ、甲州トウモロコシ、黒モチトウモロコシ、イエローポップコーン

葉菜類

赤葱、京都九条ネギ、タマネギ（ノンクーラー）、コマツナ（千葉県の在来種）、のらぼう菜、ツケナ（鹿沼菜）、子持ちタカナ、大葉、スイートバジル、ホーリーバジル、パクチー（コリアンダー）、アシタバ、大三つ葉、ルバーブ、アカザ（葉を茹でて食べる）

根菜類

カブラ、飛鳥あかねかぶ、黒田五寸ニンジン

マメ科

つるありインゲン、つるなしインゲン（ドーバー）、やわらかいインゲン、インゲンマメ（白老いんげん）、桑の木豆、先祖伝来インゲン、白インゲン、サヤインゲン、十六ササゲ、霜ささげ（信州在来種）、奈川ササゲ（長野県松本市の在来種）、黒目豆（ササゲ）、七月ササゲ、くなし豆（茨城県大子町）、エンドウ（グリーンピース）、絹莢エンドウ、大莢エンドウ、ソラマメ（大天）、シカクマメ、ダイズ（水くぐり、糀いらず）、毛豆（青森県のエダマメ種）、茶豆、黒豆、赤大豆、紅大豆、白ダイズ、大粒黒豆、黒平豆、早生黒豆、玉大黒、黒千石、黒小豆（ダイズ）、土庭の豆（山形県川西町玉庭地区で栽培されている正体不明のマメ）、大納言小豆、黒アズキ、早生アズキ、ヤブツルアズキ、花豆（白）、パンダ豆、鞍掛豆、エビスグサ（ケツメイシ）

イネやムギ、雑穀など

コシヒカリ、ハッピーヒル（もち米）、ハトムギ、ライ麦、エゴマ、金ゴマ、エゴマ（大久じゅうねん）、ワタ（たぶんアジア綿）

花

ヒマワリ、盆咲白ユリ、オオウバユリ、初雪草、オダマキ（紫）、コスモス（茶・白花）

果樹

オウトウ（黒サクランボ）、カンキツ類、パパイヤ、ナンテン

第2回誌上タネ交換会は2020年開催された

こんなタネが届きました
こんなタネを出品します

タネ →

タネ →

こんなタネが届きました

無農薬でも育つ「魚住キュウリ」
茨城県つくば市●吉川淳一

← 魚住キュウリ

甲州トウモロコシ →

サカタの「さつきみどり」と「黒さんご」、自然農法国際研究開発センターの「上高地」が交雑したなかから10年以上かけて選抜し、有機農業で鍛え上げた「魚住キュウリ」（依田賢吾撮影）

　平飼い養鶏の卵を直売所やネットで販売しています。飼料用にフリントコーンやムギを無農薬、無化学肥料で栽培。ダイズやカボチャも育て、人間とニワトリとで分け合って食べています。

　第1回で出品したのは、丈夫でつくりやすい「甲州トウモロコシ」です。

　届いたのは有機農家、魚住道郎さんが育てた「魚住キュウリ」（102ページ）と、福島県いわき市の小白井地区で栽培されているという「小白井キュウリ」。希望通りでした。

　私がこれまで栽培したキュウリはすべて市販のF₁品種で、いつもほとんどがうどんこ病にかかり、次第に元気がなくなってしまうものばかりでした。

　じつは以前、魚住農園を見学し、無農薬でもキュウリが元気に育っていてと

ても驚きました。魚住さんに秘訣を尋ねると、「自家採種」という答え。

　今回、そのタネをもらって実際に育ててみると、生育初期にうどんこ病と思われる症状がわずかに出たものの、その後は順調に生長し、たくさん収穫できました。タネによって本当に大きな違いがあることを実感しました。

もう一つの小白井キュウリもよく育ちました。どちらも味がよく、大きくなりすぎたキュウリはニワトリが喜んで食べました。もちろんタネを採ったので、引き続き栽培する予定です。

このほかには、生命力の強い陸稲やヒエ、アワが欲しいです。

寒さに強い「雪割りささぎ」と鳥獣害に強い「黒モチトウモロコシ」
京都府南丹市●三嶋陽治

七夕豆

← 雪割りささぎ
黒モチトウモロコシ

一寸そら豆 →
七夕豆

長年、中山間地域の農林行政にかかわってきましたが、大規模化・企業的農業へシフトする農政では、中山間の小規模農家はやせ細っていく一方という現状を見ました。そこで3年前に退職して新規就農。現在は小さな休耕田（約25a）を借り、約55品目の野菜を直売所に出荷しています。

私は10年以上自家採種を繰り返した「一寸そら豆」を出品しました。今年は「七夕豆」も出す予定です。北近畿地方の在来の平莢インゲンで、モロッコよりもひと回り小ぶりですが、やわらかく、

クリーム色の莢をつける「雪割りささぎ」

豆臭さのないおいしい品種です。虫がつきにくい特徴もあります。

代わりに秋田県由利本荘市の方からいただいたつるなしインゲンの「雪割りささぎ」は、白っぽい莢の初めて見る品種でした。届いたタネの説明書きに「寒さに強い」と書いてあったので、当地では少し早めの5月1日に播種。生育は極

タネ用に乾燥中の「黒モチトウモロコシ」

めて早く、6月中旬にはクリーム色の美しい莢がつき始めました。食味はやわらかくてクセがなく、なにより色がきれいなので、ソテーなどシンプルな料理にも使えました。

9月下旬から秋播きもできて、他の菜豆類が終わる11月末になっても元気に莢をつけ続けました。本当に寒さに強い品種でした。タネが採れたので、今年は栽培を増やし出荷する予定です。

秋田県仙北市の方からいただいた「黒モチトウモロコシ」は8月に収穫できました。黒紫色に光り、モッチリしていて、噛めば噛むほどに甘みもあり、懐かしい味です。最近のトウモロコシにはない味わいと「腹持ち」が特徴だと思いました。鳥獣害に遭いにくいという説明書きも本当で、カラスにちっともやられませんでした。果房はやや大型で細め、主稈に

鋭角につくため、目立ちにくいのかもしれません。

カラスにほじくられない「黒ラッカセイ」
熊本県熊本市●國本聡子

← 黒ラッカセイ
白トウモロコシ →

植物を使った染色をしていて、タデ藍を自分で育てたり、絶滅危惧種となって

万願寺トウガラシの株元に混植した「黒ラッカセイ」

いる紫草の栽培方法を研究中です。

第1回は『のらのら』（農文協、休刊）のタネ交換でいただいた「白トウモロコシ」を出品しました。お返しに受け取ったのは、カラスにほじくられないという「黒ラッカセイ」や和綿、金時豆のタネです。

黒ラッカセイのタネは浸種後ポットに播いて、3〜4日でほぼすべて発芽。とても力強い芽が出揃いました。ナスの「ヴィオレッタ・ディ・フィレンツェ」や「小布施丸なす」「神楽南蛮」などの株元に混植し、11月2日に少し早いかなと思いつつ収穫しました。

大収穫とはいきませんでしたが、畑が遠いわりにカラスにもやられず、おいしいラッカセイができて大喜びしました。全部食べてしまいたいのを我慢して、タネ用に多く残しています。

友人がぜひ育ててみたいというので、タネを分けてあげることにしました。もしも私が失敗して全滅したら、その友人から分けてもらう約束です。

第2回には白トウモロコシの他、「タデ藍」「コブナグサ」「小布施丸なす」などを出しました。

赤坂育ちの「モチトウモロコシ」
岡山県赤磐市●坂本堅志

← モチトウモロコシ

ジャンボナス →

岡山県東部の中山間地で約80aの水田で水稲、黒ダイズを、約15aの畑でおもに自家用ですが、さまざまな果樹や野菜や草花を栽培しています。誰もしないような変わった栽培方法を試しては失敗ばかりしています。しかし、時として新しい発見があり、これまでに「ジャガ芽挿し」や「サト芽挿し」などを本誌で紹介させていただきました。

タネ交換会では東京赤坂・農文協ビルの屋上菜園で育った「モチトウモロコ

わき芽挿し栽培で地際から穂を出した「モチトウモロコシ」

111

シ」のタネをいただきました。交換会で選ばれた12粒の貴重なタネです。無事に100％発芽し、畑に定植後もぐんぐん大きくなり、立派なわき芽が平均5本ずつ出てきました。

それを見て、また新たな栽培方法を思いつきました。簡単にいえばトウモロコシのわき芽挿し栽培です。

思いつきは見事に成功。1粒のタネからモチトウモロコシが非常にたくさん収穫できました。とれた実はモチモチとした食感と、あっさりした甘さでとてもおいしいです。おもちの好きな孫が、喜んで食べました。

こんなタネを出品します

タイの小ナス「マクアプロ」
愛媛県松山市●澤田 剛

→ エゴマ
晩抽チンゲンサイ

→ 十六ササゲ
マクアプロ

15年ほど前、農文協の方に『現代農業』の定期購読を勧められたのがきっかけで、教員生活の傍ら、畑を開墾して農業を始めました。現在は砂地の畑20a

でニンニクやイタリア野菜などをつくって産直に出荷しています。

第1回で出品したのは自然農法の福岡正信先生が残した「十六ササゲ」。代

タイの小ナス「マクアプロ」。
黄色く熟してからも食べられる

ブラジルの緑ナス「ジロ」。おすすめの食べ方は串焼き（提供：農Pro 宮﨑隆至）

わりに、黒種子のエゴマと晩抽チンゲンサイを送ってもらいました。エゴマは元気に育って、もっぱら葉をキムチや醤油漬け用として出荷しました。来年は穂ジソも出してみようと思います。

第2回提供は、第1回と同じ十六ササゲと、タイの小ナス「マクアプロ」と思しきもののタネです。

3年前に苗を買ったのですが、じつは種苗店側も品種名を忘れたという代物で、『現代農業』2019年2月号を見て、「ああ、これだ」とわかったのです。西南の当地では越冬するため、今や2m以上の樹になっています。採種は初めてですが、珍しいもの好きの方に育ててもらいたいと思います。

ブラジルの緑ナス 「ジロ」
千葉県佐倉市●下村京子

家庭菜園をしています。第1回交換会ではサトちゃんの「白インゲン」や「大納言小豆」などをもらいました。

代わりにお送りしたのはブラジルの緑ナス「ジロ」です。知人が現地でタネを

買ってきてくれた品種で、熟すとオレンジ色になります。味は苦いです。シチューに入れたら、汁が苦くなってしまうほどです。そこで素揚げにしたり、半分に切ってフライパンで焼いて、塩コショウと粉チーズをかけてビールのつまみにしていました。イケます。

さらに最近、一番おいしい食べ方を発見しました。まず、半分に切ってフライパンで焼いた後、自家製のトウガラシ味噌を塗ってベーコンを挟み、焼き鳥みたいに食べる方法です。一つずつ刺してもいいし、ベーコンだけじゃなくスライスチーズを挟んでもおいしかったです。かなりイケます。

私が命名した 「白老いんげん」
北海道白老町●斎藤 昭

2019年1月号から1年間、『現代農業』で「北の国から　力がわいてくる自給菜園」を連載させていただきました。白老有機農業塾を開いて、地域の人たちと野菜づくりを学んでいます。

第1回交換会に出品したのは、当地の在来のインゲンです。地域の働き者、

加藤チヨさんがタネを引き継ぎ育て続けてきた品種で、インゲンの中では実が大きく重みがあり、丸みがあって、皮が黒光りしています。試験場で調べてもらうと中南米の品種の仲間で、おそらく在来種とのこと。「白老いんげん」と命名し、以来栽培し続けています。

　若莢は炒めて食べ、完熟したら煮豆にします。豆の煮汁はご飯を炊くときに全部使います。味をつけて冷凍保存もします。煮豆はわが家の冬の定番です。

　第2回にはこの「白老いんげん」のほか、「地這いキュウリ」やのらぼう菜、中長ナスなどのタネを出品しました。

「白老いんげん」。莢は白っぽいが実の色は黒。莢でも完熟豆でも食べられる

タネ交換会でなくした茶豆が届いた

京都●青木伸代

　2019年の第1回誌上タネ交換会で自家採種していた茶豆を出品しましたが、その後誤ってタネ用の豆を全部味噌にしてしまいました。困って編集部に問い合わせたところ、私の茶豆を受け取り育ててくださった方から、第2回の交換会で豆をお送りいただきました。本当にありがとうございました。

　10粒ほどいただけたらと思っていたのに、袋いっぱいに入っていて驚きました。大切に育てて、もうタネをなくさないよう注意したいと思います。昨年、本当に1粒も残っていないとわかったときは、ショックで、情けなくて、泣きそうでした。

　20年ほど前に畑仕事を始めた頃は、いろいろな野菜がつくってみたくて、カタログを見ながらたくさんのタネを買っていました。そのうちに、F₁種やら固定種やら違いがあることを知り、

「タネ屋」に奉仕するのはやめようと思うようになりました。

カボチャやピーマンなどの採種から始めて、タネを買わなくてもよくなる日を目指してきました。毎年毎年たくさんのタネを採って、播いています。残ったタネも捨てられず、冷蔵庫がパンパンになっています。1粒のタネでも、命だと思うともったいなくて……。

2020年5月号ではタネ交換会の報告記事がありましたが、今回とてもよかったのは、「届かなかったタネリスト」(欲しいと要望があったが提供がなかったタネ)です。次回の参考になりますし、タネを送ることができるように、頑張ってつくろうと思う品種もあって、楽しみが増えました。

その一つが「ヤブツルアズキ」です。数年前に購入することになった畑に自生していて、毎年勝手に生えてきました。私はずっと雑草だと思っていて、畑のアズキと交雑しては困ると思い、引き抜いていました。ところが昨年末、知人が「ヤブツルアズキをとって、赤飯を炊いて食べた」と教えてくれました。そして、私の畑に生えているのも、間違いなくヤブツルアズキだと確かめてくれて、私にも赤飯を炊くように、と、小ビンに入れてくれました。今年はこれをタネにして、つくってみたいと考えています。

1年1年工夫しながら、交換会に参加していきたいと思っています。今後ともよろしくお願いします。

(京都府与謝野町)

115

第2回誌上タネ交換会に届いたタネ

こんな タネが 集まりました

幻のトウガラシ さぬき本鷹
（香川県綾川町・横峰昭南さん）

瀬戸内海の塩飽諸島の本島に残っていたという幻のトウガラシです。香川県最古の特産品の一つとして、400年の歴史があります。タカノツメの一種ですが、実が大きく、収穫がとってもラク。また、実のつき方も違うし、辛味も強いようです。

果菜類

ナス、青ナス、大丸ナス、中長ナス、加茂なす、小布施丸なす、ゼブラナス、イタリアンナス（ヴィオレッタ・ディ・フィレンツェ）、タイの小ナス（マクアプロ）、ブラジルの緑ナス（ジロ）、トウガラシ、日光とうがらし、内藤とうがらし、硫黄島の野生トウガラシ、さぬき本鷹とうがらし（塩飽諸島の本島由来）、ロシアン・チェリー・ペッパー、バルーンペッパー、六角オクラ、島オクラ、赤オクラ、ジャンボオクラ、星オクラ（スターオブディビッド）、花オクラ、四葉キュウリ、地這いキュウリ、キュウリ（若緑地這い）、魚住キュウリ、ズッキーニ（黄）、日本カボチャ（千葉県夷隅地方在来）、鶴首カボチャ、長カボチャ（ヘチマ型）、万次郎カボチャ、在来カボチャ（三毛門かぼちゃまたは菊座かぼちゃ）、そうめんカボチャ、シルキー・スイート、ダークホース（交配種）、ハロウィンカボチャ、スイカ（縞あり枕型）、黒小玉スイカ、黄スイカ（縞なしラグビー型）、舶来スイカ（チャールストングレー）、イタリアンメロン（Jaune canari3）、トラマクワ、黄金まくわうり、長冬瓜、大長冬瓜、大丸カンピョウ、ヘチマ、食用ホオズキ

トウモロコシ

白トウモロコシ、モチトウモロコシ、黒モチトウモロコシ、もちキビ（白・黒・黄）、ジュエリーコーン（グラスジェムコーン）

葉菜類

宮ネギ（栃木在来品種）、京都九条ネギ、たけのこ型キャベツ、のらぼう菜、ムラサキタカナ（九州在来）、ルージュロメインレタス、ホーリーバジル、パクチー、フローレンスフェンネル、オカワカメ、モロヘイヤ

根菜類

花嫁ダイコン、辛味ダイコン、ゴボウ（混種）、大浦太ごぼう、ナガイモ（トックリイモ）

マメ科

サヤインゲン、越谷インゲン、七夕豆（つるありサヤインゲン）、モロッコインゲン、白老いんげん、桑の木豆（岐阜県の在来つるありインゲン）、十六ササゲ、十六ササゲ（福岡正信氏由来）、霜ささげ、雪割りささぎ、黒目豆（ササゲ）、大正3（1914）年生まれの母から継いだササゲ（長野県）、赤エンドウ、ソラマメ、赤ソラマメ、シカクマメ、フジマメ（赤、白花）、ラッカセイ（つくば在来）、黒ラッカセイ、ダイズ（青山在来、西山大豆、大鹿村在来の中尾早生、神奈川県在来品種）、大粒青エダマメ、黒ダイズ（丹波黒）、黒平豆、京都茶豆、アズキ、ぶどう小豆（広島県の走島在来。別名「やいなり」）、花嫁あずき、リョクトウ、パンダ豆、鞍掛豆、ブラジルマメ、エビスグサ（ケツメイシ）、カワラケツメイシ、ハマエンドウ（観賞用）

花

マリーゴールド、ショーキズイセン（黄花ヒガンバナ）、ルリタマアザミ、ニゲラ、チョウセンアサガオ（曼陀羅華<ruby>まんだらげ</ruby>）

イネやムギ、雑穀など

朝日、あいちのかおり、自家育種水稲品種AH1とAH4、もち米（五百万石、マンゲツモチ、赤穂モチ、アクネモチ、緑米、紅染モチ）、赤米（神丹穂）、小麦、黒小麦、もち麦（ダイシモチ）、大麦（大紫モチ）、六条大麦、ライ麦、ハトムギ、もちアワ、ネパールの穀物コド（シコクビエ）、シコクビエ（祖谷系）、もちキビ、タカキビ（モチ系）、ソバ（常陸秋、徳島県祖谷在来）、小粒ソバ、金ゴマ、黄金ゴマ、上州ゴマ、エゴマ、白エゴマ

果樹

カリン、カキ（老爺柿）、ポポー（3種）、ムベ（トキワアケビ）、ヤマブドウ

その他、山菜など

ステビア、ローゼル、ゲットウ（月桃）、タイガーナッツ（ショクヨウガヤツリ）、トウキ（当帰）、茶（べにふうき）、ワタ（和綿、洋綿、泉州綿、茶綿）、藍（タデ藍）、コブナグサ（染料用）、ウルイ、シドケ、ガマズミ（ゾウミ）、サワラ、シシウド（サクニオサク）、ヒデコ（シオデ）、マユミ

プロ農家が集う
「関東たねとりくらぶ」のタネ交換会

千葉●林　重孝

　有機農業を始めて37年になります。2.4haの畑で野菜を中心に小麦、大麦、ダイズ、アズキなどの穀類、クリ、キウイフルーツ、ギンナンなどの果樹、合計80品目の作物をつくっています。そのほかニワトリを150羽、平飼いしています。

　生産された農産物は、提携しているレストランや消費者130軒に販売。うち20軒は宅配便で発送していますが、身土不二の考え方から、110軒は玄関まで直接届けています。

有機農家には自家採種が必要だ

　「関東たねとりくらぶ（種苗交換会）」は1982年に、有機農業を先駆的に始めた埼玉県小川町の金子美登さんと東京都世田谷区の故・大平博四さんの声かけで始まり、年に1回、毎年3月に開かれています。

　市販の品種の多くは、化学肥料と農薬を使うことを前提につくられています。有機農業が普及しない原因の一つは、有機無農薬栽培に向くタネが少ないからじゃないか。一方で伝統的な農法を続ける農家には、化学肥料や農薬を必要としないタネが自家採種により引き継がれている。そういったタネを交換できる場があれば、有機農業がもっと普及するのではないか。

　交換会はそんな提案から始まり、1回目は金子さんの家が会場でした。私もそこで研修後に就農していたことで声がかかり、参加させていただきました。

　初回の参加者は13人。自家採種したホウレンソウや白インゲン、ブドウなど多様な品種がそれぞれから提供されました。これが好評で、現在まで約35年続いているわけです。参加者は専業農家が多く、プロの目にかなう品種が多く出てきます。会場は参加者の持ち回り。農家の家で行なわれることがほとんどですが、公民館などを借りることもあ

農家の庭先を会場にして行なわれた種苗交換会
（香取農園提供）

118

「自家繁殖カード」の記入内容

タネをもらう人が名前を書く欄	
作物名	繁殖方法
品種名	入手元
自分の名前と連絡先 気候や土壌条件	
・どんな姿になるか ・播種や収穫の適期 ・一般的な栽培方法との違い ・採種するタイミングの目安と選別基準 ・採種した圃場条件(有機か慣行かなど) などを記入する	

※NPO法人「日本有機農業研究会」の
ホームページからダウンロードできる

ります。多いときは参加者が100人を超えたこともありました。交換会を続けていくうちに、ルールもできました（次ページ）。

タネはなくても参加できる

当日の流れを簡単に説明します。まず受付表に名前、住所、連絡先、提供する品種名を記入し、参加費500円を支払います。加えて提供する品種ごとに「自家繁殖カード」（左上）を記入してもらいます。受付表は後ほど全員にコピーを渡します。

午前中は会場となった農家に案内してもらい、農場見学をします。昼食を食べ終わったら庭や作業場、ハウスなど広い場所にブルーシートやゴザなどを敷き、持参したタネと自家繁殖カードを並べていきます。タネは多い人で10品種くらい。全員がひと通り並べ終わったら、順番に自分のタネを説明してもらいます。採種法や品種の特性、調理方法など、質問も受け付けます。

すべての説明が終わったら、まずはタネを持参した人が先着順にお目当ての品種のタネを取っていきます。そのとき自家繁殖カードに、取った人は自分の名前を記入していきます（誰がどんなタネを持っているのかを把握するため、交換会が終わると回収します）。

タネを持参しなかった人も、持参した人が取り終わってからタネをもらうこと

ができます。ただし1000円以上のカンパをお願いしています。それでもまだ残っていたら、誰でも、好きな数だけもらうことができます。

種イモの消毒がいらないダイジョ

私はこの交換会を通じて自家採種す

る品種の数を増やし、現在は60品種以上のタネを採っています。その中から、とくに気に入っている2品種をご紹介します。

まずは10年ほど前に、鹿児島県出身の参加者からいただいたダイジョ。もちのように粘りがあっておいしいヤマイモ

「種苗交換会要綱」（一部簡略）

①作物を栽培し、自家採種・繁殖を行なっている人、もしくはこれから行ないたい人は、交換する種苗の有無にかかわらず参加できる。ただし、種苗販売業者は参加できない。

②参加費は1人500円。ただし同伴家族は無料。

③交換するのは自家採種した種苗に限る。他人の種苗登録やそのほか権利を侵害するような種苗は、交換に出さない。

④交換する種苗はあらかじめ小分けして、それぞれに住所・氏名、種苗の品目・品種名、特性、栽培および採種方法を記載する。

⑤種苗を展示した人は、同じく展示された種苗の中から希望するものを持ち帰れる。

⑥種苗を持参した人の交換が終わった後、余った種苗については、種苗を持参しなかった人も持ち帰れる。ただし1

口1000円以上のカンパをお願いしている。

⑦1つの品種を同じ人から2つ以上もらえない。しかし別の人が同じ品種名の種苗を出している場合は、名前が同じでも違う特徴を持つこともあるため、1つずつ持ち帰れる。

⑧持ち帰った種苗は自分で栽培し、自家採種・繁殖に努める。また、持ち帰った種苗で登録を受けるなど、提供者の権利を侵害しない。

⑨交換する種苗について、品種やその他の保証はしない。

です。わが家はもともとヤマトイモ専業農家でした。ヤマトイモは、ジャガイモと同様、種イモを小さく切り分けて、切り口を消毒殺菌して植えないと腐ってしまいます。ところがこのダイジョの台湾ヤマイモは、大きいイモに、種イモにするのにちょうどいいサイズの子イモが1～2個つきます。その子イモを翌年の種イモにすれば、切り分けて消毒する必要がありません。有機農業にはうってつけの品種です。

ダイジョの「台湾ヤマイモ」。小さな子イモが、翌年の種イモになる

　ただし、寒さに弱いのが欠点です。それまで栽培していたヤマトイモは北方系のヤマイモで、秋につるが枯れて、3月まではいつでも掘り出すことができました。しかし台湾ヤマイモは南方系で、収穫適期を迎えてもつるは真っ青なままです。そして霜が降りると突然真っ黒になり、イモも地中で腐ってしまいます。

　サツマイモと同様、霜が降りる前に掘り上げ、ハウス用のグリーンヒーターがある断熱材入りの倉庫で、10℃以上で保存しないと翌年の種イモにはなりません。

寒さに強いチンゲンサイ

　もう一つはチンゲンサイです。20年ほ

ど前の交換会で、中国からの参加者にもらいました。我々は中国チンゲンサイ（103ページ）と命名し、有機農家の仲間内で普及しています。栽培上の特徴は耐寒性がつよいことと、トウ立ちが遅いことです。

　一般的なチンゲンサイは年が明けると寒さで傷んでしまうし、2月になるとトウが立ってきます。しかし中国チンゲンサイは寒さよけの被覆材をかけなくても大丈夫です。さらに3月頃に播いてもトウ立ちせず、4月中旬まで収穫できます。4月は端境期なので、その点でも重宝しています。

（千葉県佐倉市）

※林さんのタネ採りについては、28ページの記事もご覧ください。

全国のタネ交換会一覧

タネ交換会は、じつは各地で開かれている。
以下に紹介したところ以外にもきっとたくさんあるはずだ。
ぜひ、近くの交換会に参加してみよう。

中部

● Lion Seedling
（静岡県浜松市：2月）
TEL 053-985-0555

●すずき農園
（静岡県浜松市：2月）
TEL 090-1065-2127

関西

●農家民宿みちくさ
（大阪府能勢町：年2回）
TEL 090-9713-6318

●オーガニックコート実行委員会
（兵庫県姫路市：年数回）
TEL 090-7879-8736

●虹のたねとり
（和歌山県橋本市：春と秋）
TEL 0736-32-4578

中国・四国

●自給自足カフェいちまいのおさら
（鳥取県三朝町：3月）
TEL 090-7997-3321

●ポリゴン
（岡山市：検討中）
TEL 090-4891-6508
＊Facebookで告知またはご連絡
ください

●おいもを愛する会
（広島県呉市：2〜3月と8〜9月）
メール
wakanamidori@docomo.ne.jp

●高知オーガニックマーケット
（高知市：3、9月）
TEL 088-840-6260

九州・沖縄

●山ぼうしの樹
（熊本県甲佐町：春夏秋冬の4回）
TEL 096-273-8292

● Café 水照玉
（鹿児島県屋久島町：1〜2月と秋）
TEL 090-3668-5956

●日本熱帯果樹協会沖縄支部
（沖縄本島：11月頃）
TEL・FAX 0986-38-7208

【凡例】 主催者名

（開催場所：開催時期）
　問い合わせ先

＊新型コロナウイルスの影響で開催が中止または延期される場合があります。問い合わせ先へご確認ください

東北

● 青森県在来作物研究会
（青森県：1月）
TEL 090-2733-7345
＊弘前市、青森市、八戸市のいずれかで開催。お問い合わせください

● T-farm、viento norte、
ファームガーデンたそがれ
（秋田県内：年1〜4回）
TEL 090-3553-3756

北海道

● エコビレッジライフ体験塾
（北海道札幌市：2月）
TEL 080-6065-6098、または
ホームページ参照

● ニセコ蒼麻芽農園
（北海道ニセコ町、札幌市、知内町、余市町、函館市：2〜3月）
TEL 090-8906-5825

関東甲信越

● 関東たねとりくらぶ （118ページ参照）
（関東地方のどこか：3月）
TEL 043-498-0389

● 有機農業ネットワークとちぎ
（栃木県那珂川町：2月頃）
TEL 080-2557-0079

● たねのわ （86ページ参照）
（埼玉県日高市：7、11月）
メール tane@mato.me

● たねとりくらぶ千葉
（千葉市：3月）
TEL 090-9091-6712

● カルペディエム
（千葉県白子町：3月頃）
TEL 0475-36-6123

● 植物の本屋　草舟あんとす号
（東京都小平市：2、9月）
TEL 080-1330-5452

● 種でつながる種をつなげる佐久地方
（長野県：1〜3月）
メール vvvcrafts@gmail.com

第4章　楽しいぞ！　タネ交換

食文化を支えるタネ採り

　上の写真は各地の在来のカブとツケナである（左から黒瀬カブ、会津赤かぶ、稲核菜、寄居カブ、王滝カブ（丸型）、王滝カブ（長型）、清内路カブ、開田カブ、みやま小カブ）。葉や根部の形や色はさまざまだ。これは、各地域の食文化と採種の結果を反映している。たとえば、根部の太りは小さいが、葉が幅広でやわらかいものは、おもに葉の塩漬けなどに利用されてきた。また、野沢菜に比べ葉は小さく硬めで噛み応えがあるツケナの稲核菜は根部も食べられるので、葉と根部の両方を漬物に利用されてきた。こうした過程で各地域の農家は、食べ方に合う特性の個体を選んで採種し続けてきたのだろう。

　作物は元来変異しやすいものであり、人間の食文化に合わせてその姿を変化させ、多様化させてきた。積極的に交雑したり、変異したりしていくことは作物の生き残り戦略でもあると考えられている。

参考『自家採種入門』（農文協）

第5章

採るんだったら
知っておきたい
種苗法と自家採種の話

交換できないタネはどれ?

最近、なにかと話題になっている「種苗法」。少し複雑でわかりにくい部分もあるが、タネを採る、交換するからにはぜひ知っておきたい。

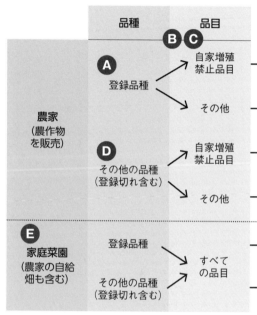

A 登録品種のタネは交換できないが、自家増殖は原則自由

　作物には「登録品種」とそうでない品種がある。登録品種には「育成者権」があって、他の人がそのタネを採ったり売ったりするには、育種家の許可がいる。ただし、農家の自家増殖（タネ採りやわき芽挿しなど）は許されていて、その収穫物の販売もできる。これを「育成者権の例外」という。
　しかし、登録品種から採ったタネの販売や譲渡はやはり禁止されているので、登録品種はタネ交換会に出せない。

B 農家も自家増殖できない「禁止品目」

　一方、農家であっても、登録品種の自家増殖ができない品目がある。いわば「育成者権の例外の例外」で、これらは

農家であっても、基本、自家増殖ができない（次ページ表）。

C 禁止品目の登録品種でも、F₁はタネ採りできる

　F₁はタネを採ったところで、親と同じ品種には育たない。つまり同一品種の増殖には当たらないため、自家採種が許される。その収穫物も（親とは違う名前で）販売できる。自家採種を繰り返して

自家増殖とタネ販売が許されるタネ、ダメなタネ

	自家採種やわき芽挿し（自家増殖）	増殖した種苗による収穫物の販売	新品種育成・研究のための自家増殖	増やしたタネや苗の販売・無償譲渡
→	ダメ	ダメ	OK	ダメ
→	OK	OK	OK	ダメ
→	OK	OK	OK	OK
→	OK	OK	OK	OK
→	OK	販売はしない	OK	ダメ
→	OK		OK	販売はしない。譲渡はOK

※農家の自家増殖は、正規に入手した苗、穂木でスタートする必要がある
※契約で自家増殖を制限されている場合、メリクロン培養などを経て増殖する場合、キノコの種菌を培養センターなどで増殖する場合は、自家増殖に利用許諾が必要

固定できれば、（親と違う名前で）タネの販売も可能。ただし「禁止品目」の登録品種では、わき芽挿しなどの栄養繁殖は許されない。

D　登録外の品種は、採種もタネの交換・販売も自由

　登録がない（または登録が切れた）品種は、自家増殖やタネの販売・譲渡が可能。「禁止品目」であっても関係ない。交換会に出品されるのは、登録外品種だ。

E　家庭菜園の場合

　収穫物を売らない家庭菜園（農家の自給畑も含む）の場合、原則、どの品種・品目でも自家増殖できる（契約で禁止される場合を除く）。ただし、登録品種を売ったり譲ったりするのはダメ。交換会に出せるのは、登録のない品種だけだ。

ほとんどのタネは
採れる、交換できる

登録品種の自家増殖が禁止された野菜・果樹の品目 (2019年1月時点)

野菜 （31種）	アサツキ種、アピオス属（ホドイモ、アメリカホドイモ：1）、オクラ種（2）、**オモダカ属（クワイ）**、カブ変種（カブ、ノザワナ：4）、カリフラワー変種、キャベツ亜種（6）、キュウリ種（20）、ケール変種（19）、コールラビ変種、サイシン変種（1）、**シシウド属（トウキ除く。アシタバ：2）**、スイカ種（16）、**スマランサス属（ヤーコン：4）**、**セイヨウワサビ属（ホースラディッシュ：1）**、セルリー種、ダイコン種（17）、タイサイ亜種（タイサイ、チンゲンサイなど：1）、トマト種（大玉、中玉、ミニ：148）、ナス種（21）、ニンジン種、フダンソウ変種（1）、ブロッコリー変種（ブロッコリー：3）、ブロッコリー変種×ケール変種（ブロッコリーとケールの交配種：1）、ホウレンソウ種、メキャベツ変種（芽キャベツ：5）、メキャベツ変種×ケール変種（メキャベツとケールの交配種：5）、メセンブリアンテム属（アイスプラント：1）、メロン種（メロン、マクワウリ、シロウリなど：39）、ユウガオ種（ユウガオ、ヒョウタン）、ワケギ種（2）
果樹 （9種）	カリン属、クルミ属（オニグルミ、シナノグルミなど）、スグリ属（スグリ、クロスグリ、フサスグリなど：1）、ナツメ属、**パパイヤ属（2）**、バンレイシ属（バンレイシ、チェリモヤ、アテモヤなど）、**マツブサ属**、**マルピーギア属（アセロラ：3）**、ムサ・アクミナタ種（バナナ：7）

※（　）内は具体的な作物名と登録品種（出願中も含む）の数。表記がない場合は登録品種ゼロ
※太字は2006年、それ以外は新たに2017年と2018年に追加指定された品目

増えつつある「禁止品目」

農水省は今、農家が自家増殖できない「禁止品目」を一気に増やしつつある。登録品種の自家増殖を「原則禁止」にしようというのだ。上は現時点で禁止されている野菜と果樹の品目。太字以外は2017年と2018年に追加されたものだ。

全品種の95%以上は
タネ採りできる

一方、禁止品目といっても、自家増殖できないのは登録品種だけ。野菜でいえば、日本には現在9000品種以上あるとされているが、そのうち登録が生きているのはわずか790品種しかない（2018年3月時点）。

そのうち、現在自家増殖が禁止されている品目の登録品種は320。つまり野菜の場合、95%以上はタネ採りできる品

野菜は95%以上の品種で
自家増殖できる

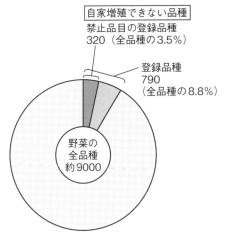

自家増殖できない品種
禁止品目の登録品種
320（全品種の3.5%）

登録品種
790
（全品種の8.8%）

野菜の
全品種
約9000

※「自家増殖できない品種」のうち、
F₁のタネは採れる

PVPは「植物品種保護」の略で、登
録品種（または登録出願中）を示す

登録品種のタネ袋（依田賢吾撮影）

種というわけだ。

　禁止品目であっても、セロリやホウレンソウ、ニンジンなどのように、登録品種がゼロという作物もある。さらに、126ページで紹介したように、F₁の採種は自由だ。たとえば禁止品目のうち登録が一番多いのはトマト（出願中も含めて148品種）だが、そのほとんどはF₁なので、タネ採りはできる。

タネ交換会に出す前に確認を

　ただし、草花の登録品種はもっと多

いし、いずれにせよ事前の確認は欠かせない。タネ袋に「農林水産省品種登録　第○○○○号」と表記があったり「PVPマーク」（上図）がついていれば、それは登録品種の証。

　残念ながら、登録品種のすべてに記載されているわけではないので、タネ屋さんに聞いたり、農水省の「品種登録ホームページ」で検索して確認しよう。また、同知的財産課（03-6738-6169）でも教えてくれる。

タネ採りが身近でなくなれば、人とタネがつむいできた歴史が断たれる

●石綿　薫

ちょっと違うのではないか

　私は、(公財) 自然農法国際研究開発センターを退職後、農業を営んでおり、その傍らで育種も続け、営農品目の野菜のタネの6割くらいは自家育種・採種して使っている。

　オリジナル品種の育成は時間も手間もかかるが、世代を重ねると、地域の風土やうちの栽培方法に適応してくることが収量の増加でわかるし、食味・品質は直売所での販売や飲食店への直販でお客さんの反応から知ることができ、非常にやりがいを感じる。農業を通して品種が生み出され、品種がその農業を支えるというタネと農業の関係を実感している。

　野菜に関していえば、農家の自家増殖原則禁止の方向性はちょっと違うのではないかと思う。

なぜダイコン？　ニンジン？

　まず大前提として、果樹の種子繁殖や野菜のF₁品種をタネ採りする場合は、次世代はまったく異なる系統になってしまうので、それは自家増殖とはいわない。また、品種登録されていても、農家が自分の経営の範囲内で行なう自家増殖は原則自由とされてきたが、増やした種苗を無断で他人に販売したり分けたりすることはできない。それに、原則自由とはいえ、省令で定められた、農家が自由に自家増殖できない種類のリストが存在する。

　今回の種苗法施行規則の改定 (2017年3月) では、このリストが82種から289種に増え、その中には**トマトやナス、キュウリ、スイカ、メロン、ダイコン、ニンジン**も追加されている。したがってトマトの挿し芽繁殖は、その品種が品種登録されているなら営利栽培ではやってはいけないことになった。トマトやナスを挿し芽で増やしている人もいるようだし、登録品種については自家増殖とはいえ営利利用に制限をかけるのは理解できる。しかし、ダイコンやニンジンを栄養繁殖するのは困難だしメリットもないだろうに、なぜリストに入っているのかはよくわからない。

「自家増殖はやっちゃいけない」と思わせるのがねらい？

　このリストを見ると、農作物の自家増殖はやっちゃいけないんだ、という印象

がどーんと伝わってくる。栄養繁殖が意味を持つのかといった物事を整理した話ではなく、とにかく増殖禁止だという印象だ。ねらいはそこにあるのかなと勘ぐりたくもなった。

　種子繁殖に関しては、F_1品種の種子繁殖は増殖にはならないので、リストに入っている種類については、品種登録されている固定種が増殖利用禁止ということになる。登録の有無や育成者権が継続しているか調べないと取り組めなくなった。農水省の品種登録ホームページから調べる方法もあるが、品種名が登録名と異なる場合もあり、簡単に調べがつく状況にはないようだ。

筆者。本人曰く、ある農家で育種素材になりそうなトマトに出会い、果実を分けてもらって喜んでいるところ

自家採種は時間も手間もかかる

　さて、ここで自家増殖可能な固定種を実際に自家採種して営農に使うにはどういう過程が必要になるのか、改めて考えてみたい。

　たとえば、ダイコンを10aつくろうと思ったら、500mlくらいのタネが必要だ。良好な状態の母本からタネが採れたとして、ダイコン母本は10本くらい必要だろう（本当は最低20本くらい欲しい）。それをタネ播きから採種まで病気にならな

いように管理し、タネを刈り取り、脱穀、莢を割って、ゴミを除き、ふるいや風選などで調製して、適切な水分で保管……と挙げればキリがないくらい細かな工程がある。

　葉根菜類は農家が取り組むにはずいぶんハードルが高いと思う。果菜類は、栽培面積当たりのタネの必要量と採種生産性から見れば比較的取り組みやすいけれど、それでも交配管理から調製まで片手間でさくっとやるレベルではすまない。自分で取り組んでみれば、技術もいるし、道具も必要で、時間も手間もかかることがわかるのだが、そもそも種子の増殖って、多くの人がどんどんやってしまうのを心配するようなものではな

いだろう。

　種苗法や育成者権の周知とともに、タネがどうやってできるのかも世の中に広めていったら、おのずとタネ屋さんの仕事の大事さが理解されるだろうなと思う。それを「原則禁止」にしてしまっては、登録品種かどうかいちいち調べたり、実際にタネ採りするのも手間がかかるし、タネがますます縁遠いものになるのかなと思う。

タネ採りを遠ざけたら
作物がわからなくなる

　そもそもタネは肥料や農薬と同列に並べる資材ではなく、作物栽培の主役である。タネは生きものであり、それは自力で育つものであり、栽培とはその育ち方を理解し、サポートすることである。だから、農家はタネ（品種）の特徴・生理生態を理解する必要があるし、能力・持ち味を活かし、弱点をカバーする使い方をしなきゃいけない。作物は植物としての歩みがあって今の姿となり、生きものとしての一生があって、その一部が農業で利用されているととらえると、その作物が乾燥気味が好きだとか、アンモニア態チッソを好む性質があるといった個別の性質が、その作物の歴史と生態のひとつなぎの物語として理解できると思う。作物の生き様物語（全体像）が

わかっていれば、自分の田畑に当てはめるにしても、異常気象に対応するにしても、何を優先すべきかが判断できるだろう。

　タネ採りは作物の一生を見ることである。タネ採りができるだけ身近にあったほうが、その地域で、あるいは農業界全体として、作物を丸ごと理解できる機会を失わずにいられることになると私は考える。大量の情報が日々生み出されるなかでは、栽培に関する情報も種苗や採種に関する情報も、本来は連綿とつながって存在している生きものの世界や土の世界が、ブツブツと細切れの情報になっていくように感じる。タネ採りが遠いものになったら、先人たちのつくってきた品種や農の知恵さえも、ぶつ切りの情報の断片になりはしないか。伝承技術や生物学・農学のつながった体系に新しい情報をつないでとらえることは容易ではないが、つながって影響しあって丸ごと存在しているのが自然の姿なのだから、いつも現場に落としてとらえることが必要だろう。

農家の自家増殖は
原則自由としたい

　ITPGR（食料・農業植物遺伝資源条約）とUPOV（植物の新品種の保護に関する国際条約）のなかで謳われている

筆者が自家育種したオリジナル品種

信州黄金かぶ

輸入種子の黄金かぶから選抜育成。当初は裂根がひどく、ひげ根多く、球形も揃わず、黄色も淡いものも多かったが、選抜していくことで安定。松本平の寒さでも越冬・採種できるのが頼もしい

白オクラ

レディフィンガーと赤オクラの交雑後代から育成。赤い丸オクラにしようとしたが、やわらかく味のよいものを選んでいったら白いオクラになってしまった。イタリアンレストランのシェフに絶賛されている

SLローザビアンカ

信州生まれのイタリアナス。ローザビアンカとSL紫水とを交雑させ、その後代から選抜育成

「農民の権利」としての農家の自家増殖が、条約の解釈で途上国の農家のことになったり、種苗関連産業振興の引き合いにされたりするというのは不可解だが、農家の自家増殖・自家採種は、それ自体が本質的に遺伝資源の保護・維持の場でもあるというのが条約をめぐる議論にあることは想像に難くない。日本の伝統野菜や在来種しかり、世界の品種の多様性も、農家による自家増殖と官民による品種改良や交易が相まって広がり今の姿があるのだ。遺伝資源（公共財）の維持を保障するためには、農民の権利として自家増殖を原則自由とし、もちろん育成者権との整合性も取って種苗法を整備するというのがもっとも自然なあり方のように思う。

農家の自家増殖の原則禁止が何をもたらすのか。現代日本では当面の混乱はないのかもしれない。しかし遺伝資源の概念、自家採種の役割と育成者権の考え方が伝えられずに原則禁止という言葉だけが独り歩きすれば、タネ採りは何でも禁止という風潮になりかねない。そうなれば、これまでの栽培品種の多様性を維持・発展させてきた人とタネとの関係がうまく回らなくなっていくのではないか。

タネ採りが身近でなくなれば、野菜がタネをつける植物であることを知らない

農業者がタブレットを見ながら野菜をつくっているなんて未来がやってくるかもしれない。人類とタネがともに歩んできた歴史を引き継いで発展させていく未来、みんなのタネをみんなで共有する農のあり方が志向されていくべきだと思う。

（長野県松本市）

アブラナ科野菜のタネ採りは、全体が完熟するのを待つと先に熟した莢からタネがこぼれてしまうので、先に結実した下のほうの莢が乾燥し始めたら刈り取り、雨の当たらない場所で乾燥させるといい（『自家採種入門』（農文協）より）

タネ屋さんおすすめ　タネ採りに適した品種

『これならできる自家採種コツのコツ』（自然農法国際研究開発センター編　農文協）に掲載されているタネ屋さんに、タネ採りに適した品種を五つ選んで紹介していただいた。タネ採りしてもバラつきの出にくい固定種や在来種が幅広い品目で集まった（入手先は略称。連絡先は141ページ）。

トマト

品種名	**自生え大玉**	品種名	**サンマルツァーノトマト**
解説	自然生えから選抜育成した桃色大玉トマト。果重は180g程度、球形で肉質なめらかで、甘みと酸味があり、さわやかな食味。中大葉で節間はやや長く、草勢は強いが着果性もよい。耐病性がないので連作は避ける。	解説	加熱調理ですごくおいしい、うまみ成分たっぷりのイタリアントマト。
入手先	自農	入手先	つる新

ナス

品種名	**在来青ナス**	品種名	**熊本中長茄子**
解説	果形は卵形の大果で、ヘタ、果皮ともに緑色。草姿は開張性、茎太で節間短く、大葉で着果は少ないが草勢が強く、育てやすい。果肉がやわらかく、200〜250gの大果で収穫しても硬くなりにくい。	解説	ナスは隔離距離が比較的短くてもよいので、近くに他の品種が見えなければ、交雑する可能性は低い。このナスは、肉質がやわらかく甘みがあり食味が優れている。果皮色が赤紫色で、時々鼻のような突起が出る特徴がある。
入手先	自農	入手先	山峡

トウガラシ

品種名	太長辛こしょう	品種名	黄太トウガラシ (バナナなんばん)
解 説	青トウガラシ。長野県松本周辺では、この青トウガラシを「辛コショウ」と呼び、家庭でおなじみの夏野菜。果長5cmくらいから収穫できるが、小さいうちはあまり辛味がなく、大きくなると辛味を増していく。	解 説	大きい実でよくなり、黄色が美しい中辛のトウガラシ。
入手先	高木	入手先	つる新

マクワウリ・シロウリ・オクラ

品種名	なりくらマクワ	品種名	バナナまくわ
解 説	球形で見た目はメロン。強健で栽培容易な早生の多収品種で、芳香があり食味に優れる、メロンのような香りとスイカのようなみずみずしさを持ったマクワ。完熟果はヘタに離層ができ離れる。	解 説	黄皮白肉の楕円球形の中生種。バナナのような果肉のやわらかさと肉質で、香りよく甘くておいしい。完熟果はヘタに離層ができ離れる。
入手先	太田	入手先	太田
品種名	虎御前	品種名	仁保瓜 (にぼうり)
解 説	滋賀県湖北地方で古くから親しまれてきた、果皮に条斑がある晩生種。生食にも最適だが、地元ではヌカ漬けとして長く重用されてきた。	解 説	滋賀県近江八幡市南部、野洲市北部周辺で古くより栽培され、奈良漬けに供されてきた青皮のシロウリ。中生の豊産種で40cm前後の果長になる。
入手先	太田	入手先	太田

マクワウリ・シロウリ・オクラ

品種名	松本本瓜
解 説	長野県松本地方特産の漬けウリ。実はしまり、皮は適度の硬さがあり、奈良漬けなど長期漬物に向く。
入手先	つる新

品種名	八丈オクラ
解 説	丸莢で、多少収穫が遅れて大きくなってもやわらかくておいしい。八丈島伝来のオクラ。高さ2m以上となる高性種で、収穫期間も非常に長い。
入手先	野口

キュウリ

品種名	新ときわ地這胡瓜
解 説	耐病性、耐暑性が強く栽培容易な品種で、地這い、支柱の両栽培に適し、春播き、夏播きで、よく生育し霜の降る頃まで連続して収穫できる。収穫し忘れて大きくなった実を採種果として、黄色くなるまで置いてから採種する。
入手先	山峡

品種名	奥武蔵地這胡瓜
解 説	戦争中の国策会社である帝国種苗殖産が、満州で育成開発した夏系キュウリ。戦後引き揚げてきた技術者から原種をもらい、野口種苗で保存育成。
入手先	野口

カボチャ

品種名	早生会津南瓜
解 説	早生の豊産種で、寒地ではすばらしい生育。表面は、浅い縦溝がある。1.5〜2.0kgほどになり、肉厚でデンプン質が多く栄養価も高い。甘みがあり水分が多くねっとりしていて、特有の香りがある。栽培容易で家庭菜園にも向く。
入手先	高木

トウモロコシ

品種名	黒モチトウモロコシ
解 説	トウモロコシであるが、スイートコーンとはまた別物。甘みはないが、粘りが強く独特の風味がある。青果はまず市販されないので自分でつくるしかない。
入手先	つる新

インゲン

品種名	アメリカ菜豆
解　説	つるありの平莢インゲン。マメ類は交雑しにくいため、自家採種に向いている。このインゲンは、平莢で緑色が冴え、スジがなく、やわらかで甘みがあり、ゆでてマヨネーズ和えがおいしい。
入手先	山峡

品種名	穂高菜豆
解　説	長野地方の代表的なつるあり種。草勢が旺盛で、暑さに強くつくりやすい豊産種。莢は長さ10cmくらい、幅1.5cmくらいの平型。スジがなくやわらかで、甘み、風味も豊かで、食味最高。
入手先	高木

品種名	アルプス菜豆
解　説	遅播き栽培に適し、秋遅くまでなるため、長野県松本地方では霜降りインゲンと呼ばれる系統にあたる。黒色の特徴ある豆でコクのある味。
入手先	つる新

ネギ

品種名	松本一本葱
解　説	長野県松本地方在来の耐寒性の強い太ネギ。軟白部は50cmくらいにもなる。揃いよく、外観美しい多収穫品種。肉質はやわらかく甘みがあり、栄養価も高く、風味満点。
入手先	高木

ツケナ類

品種名	雪菜（ユキナ・冬菜）
解　説	耐寒性に優れていて凍害による葉の痛みが少ない。アクや苦みが少なく、歯応えがあり、甘みも強く食味が優れている。トウ立ちが他のツケナ類よりも遅いので、交雑の可能性が少ない。
入手先	山峡

品種名	新戒青菜
解　説	群馬県のあるお寺で自家採種されてきたという黒葉系コマツナ。草姿は半立性、やや平軸で葉色は濃緑色で照りがある。春播きも秋播きもできるが、秋播きのほうが良品が収穫できる。
入手先	自農

ナバナ

品種名	のらぼう菜
解　説	江戸中期に幕府が「闇婆（ジャバ）菜」という名で配付した西洋アブラナの一系統。開花前の蕾をつけた春のトウが、数あるナバナの中でも抜群に美味。
入手先	野口

ダイコン

品種名	ねずみ辛味大根
解　説	長野県の地方野菜で、おしぼりうどんのタレとして、長期保存用の漬け大根として使われている。とても辛いが、甘みもある。葉は切れ葉のため、他のダイコンと区別しやすく、交雑して葉型が崩れてきたら、新しいタネを購入するとよい。
入手先	山峡

カブ

品種名	矢島かぶ
解　説	滋賀県守山市で古くからつくられてきた小カブで、吸込みタイプの扁球形の肩部が赤紫色、下部は白色。茎葉部は低温期はもちろん高温期にあっても濃い赤紫色を示す。本種は自殖性が強いので、隔離しなくても異株が育つことが少なく、採種しやすい。
入手先	太田

ニンジン

品種名	筑摩野五寸
解　説	草勢が強く少肥で栽培できる秋冬どり五寸ニンジン。草姿は開張性、大葉で痩せ地でも根の太りがよい。火山灰土壌に適し、夏播きして晩秋から冬どりに適する。
入手先	自農

ササゲ

品種名	緑肥カウピー
解　説	マメ科ササゲ属の1年草本。タネはアズキに似ているが黒色で小さい。生育初期は矮性（わいせい）のように伸びないが、高温期に入るとつるを伸ばし旺盛に生育して大きな藪（やぶ）になり雑草を圧倒する。
入手先	自農

ダイズ

品種名	えんれい大豆
解　説	味噌などの加工用のダイズとして最適。白目の中粒。豊産の中生品種。ダイズには珍しい広域適応性を持ち、密植や多肥栽培もできる。
入手先	高木

イネ

品種名	ハッピーヒル（うるち）
解　説	終戦直後、ビルマの奥地から日本兵が持ち帰った長稈多粒のモチ種と、日本の穂重型の品種を交配して、福岡正信氏が1986年に固定。陸稲としても栽培できる。
入手先	野口

大麦

品種名	もち麦（はだか麦）
解　説	もちもちした食感のはだか麦（大麦）。熟した麦の穂は紫色になる。草丈高く肥沃な土壌だと倒伏するため痩せた土壌向き。中国、四国の瀬戸内海沿岸地方で非常食用に昔から栽培されてきたと思われる。
入手先	野口

タネ入手先一覧（いずれもインターネットの通販サイトから注文できます）

略称	名称	住所	電話番号
野口	野口のタネ・野口種苗研究所	〒357-0067　埼玉県飯能市小瀬戸192-1	042-972-2478
太田	太田のタネ・㈱太田種苗	〒523-0063　滋賀県近江八幡市十王町336	0748-34-8075
自農	公益財団法人自然農法国際研究開発センター	〒390-1401　長野県松本市波田5632-1	0263-92-6800
山峡	信州山峡採種場	〒381-2411　長野県長野市信州新町竹房97-1	026-262-2313
つる新	㈲つる新種苗	〒390-0811　長野県松本市中央2-5-33	0263-32-0247
高木	種・苗の高木農園	〒390-0841　長野県松本市渚2丁目3-22	0263-25-9833
たねの森	たねの森	〒350-1252　埼玉県日高市清流117	042-982-5023

※たねの森についてはは87、92ページ

本書記事中のタネ交換可能リスト

＊タネ交換なので、自分が交換できるタネをお持ちでない方はご遠慮ください。
＊タネは数に限りがありますので、なくなりしだい交換終了となります。
＊封書で申し込む場合、返信用封筒を同封ください。

●魚住キュウリ（102ページ）
魚住道郎
〒315-0114
茨城県石岡市嘉良寿理348
TEL兼FAX 0299-43-6826
（FAXを希望）

●ルッコラ（98ページ）
桐島正一
〒786-0504
高知県高岡郡四万十町十川1418
090-3784-5873

●ジャンボナス（99ページ）
坂本堅志
〒709-0732
岡山県赤磐市可真下1385
086-995-1135

●さぬき本鷹トウガラシ（116ページ）
横峰昭南
〒761-2207
香川県綾歌郡綾川町羽床上2664
090-5712-0700

●タイの小ナス・マクアプロ
　（112ページ）
澤田剛
〒791-8044
愛媛県松山市西垣生町1598-3
090-8692-3184

●七夕豆（109ページ）
三嶋陽治
〒622-0042
京都府南丹市園部町栄町1-25-11
090-7356-6850

●ブラジルの緑ナス・ジロ（113ページ）
下村京子
〒285-0843
千葉県佐倉市中志津4-24-9
080-3253-1089

●黒ラッカセイ（110ページ）
國本聡子
〒860-0075
熊本県熊本市西区稗田町2-66
090-4489-1359

初出記事一覧

コラム　これ、ぜんぶ同じ品種？　…新記事

第1章
タネは自家採種を繰り返すほど力を発揮する
………………………… 2011年2月号
むらで見つけたすごい品種
………………………… 2010年2月号

第2章
まずは簡単な夏野菜から始めよう
マメやイモなら簡単
………… 以上はいずれも2019年2月号
図解　自分でタネを採ってみよう
──タネ採りマメ知識 … 2002年2月号

第3章
自家採種でタネを自給する　2019年11月号
タネ代1/3で市販を超えるタネの採り方
………………………… 2009年2月号
桐島さんのタネ採り畑を拝見
………………………… 2010年2月号
ナス　ヘタ下の色を見分けるタネ採り法
………………………… 2013年2月号
え!?　ソラマメのタネ採りが難しい？
………………………… 2011年2月号
交雑を防ぐ簡単自家採種のコツ
無肥料で育つニンジン品種が誕生するまで
「自然生え」でタネ採り
簡単育種「自然生え」タネ採り法
………… 以上はいずれも2006年2月号
ジャガイモだって自家採種
………………………… 2013年2月号
ジャガイモ自家採種のしやすさで3分類
俵正彦さんが世に残した14品種
………… 以上はいずれも2020年2月号

コラム　タネ採りに必要な株数は？
…………………………………………新記事

第4章
タネの交換会へようこそ
『現代農業』誌上タネ交換会を開催します！
『現代農業』おなじみの農家が提供
　　とっておきのタネ
………… 以上はいずれも2019年2月号
第1回誌上タネ交換会に届いたタネ
こんなタネが届きました
　　こんなタネを出品します
………… 以上はいずれも2020年2月号
誌上タネ交換会2020結果発表
………………………… 2020年5月号
プロ農家が集う　本気の種苗交換会
2019年全国のタネ交換会一覧
………… 以上はいずれも2019年2月号
コラム　食文化を支えるタネ採り　…新記事

第5章
採るんだから知っときたい
　　種苗法と自家増殖の話 … 2019年2月号
タネ採りが身近でなくなれば、
　　人とタネがつむいできた歴史が断たれる
………………………… 2018年6月号
タネ屋さんおすすめ　タネ採りに適した品種
…………………………………………新記事

本書は『別冊 現代農業』2021年1月号を単行本化したものです。

著者所属は、原則として執筆いただいた当時のままといたしました。

撮　影
- 赤松富仁
- 倉持正実
- 田中康弘
- 依田賢吾
- 黒澤義教
- 矢郷桃

農家が教える タネ採り・タネ交換

2021年7月25日　第1刷発行

農文協 編

発 行 所　一般社団法人 農山漁村文化協会
郵便番号 107-8668 東京都港区赤坂7丁目6-1
電　話 03(3585)1142(営業)　03(3585)1147(編集)
FAX 03(3585)3668　　　振替 00120-3-144478
URL http://www.ruralnet.or.jp/

ISBN978-4-540-21144-7　DTP製作／農文協プロダクション
〈検印廃止〉　　　　　　印刷・製本／凸版印刷㈱